广西地方生态环境标准体系研究

陈　蓓　秦旭芝　梁　鹏　黄　增等　著

科学出版社

北　京

内 容 简 介

本书通过收集与分析广西近年的大气、水、土壤、噪声、海洋等要素的环境质量状况及变化趋势，探讨广西生态环境质量及环境问题，梳理国家和广西现有的生态环境标准，并分析实施这些标准时存在的问题，以构建切合实际和具有地方特色的环境标准体系。在此基础之上，提出提升广西生态环境质量的对策与建议。

本书可供生态环境质量、地方生态环境标准体系领域的高校师生和研究人员阅读，也可供相关领域的政府管理部门参考。

图书在版编目（CIP）数据

广西地方生态环境标准体系研究 / 陈蓓等著. —北京：科学出版社，2022.10

ISBN 978-7-03-070171-8

Ⅰ. ①广… Ⅱ. ①陈… Ⅲ. ①生态环境－环境标准－研究－广西 Ⅳ. ①X322.267

中国版本图书馆 CIP 数据核字（2021）第 211337 号

责任编辑：郭勇斌 杨路诗 / 责任校对：杜子昂
责任印制：张 伟 / 封面设计：刘云天

科学出版社 出版
北京东黄城根北街 16 号
邮政编码：100717
http://www.sciencep.com
北京九州迅驰传媒文化有限公司 印刷
科学出版社发行 各地新华书店经销
*
2022 年 10 月第 一 版 开本：720 × 1000 1/16
2022 年 10 月第一次印刷 印张：10 3/4
字数：217 000

定价：89.00 元

（如有印装质量问题，我社负责调换）

编 委 会

主　编：陈　蓓　秦旭芝

副主编：梁　鹏　黄　增

编　委：白海强　邓　琰　韩雪蓉　黄　琨　
黄翠梅　李嘉力　梁柳玲　林　卉　
卢一佳　陆晓艳　罗志祥　吕保玉　
潘秋玲　庞碧剑　覃秋荣　王全永　
韦　锋　杨海菊

目　　录

第一章　绪　　论

1.1　引　　言

党的十八大以来，以习近平同志为核心的党中央站在坚持和发展中国特色社会主义、实现中华民族伟大复兴的中国梦的战略高度，把生态文明建设和生态环境保护摆在治国理政的重要位置，谋划开展了一系列根本性、开创性、长远性工作，推动生态文明建设从实践到认识发生历史性、转折性、全局性变化，生态环境保护取得历史性成就、发生历史性变革，深刻回答了为什么建设生态文明、建设什么样的生态文明、怎样建设生态文明等重大理论和实践问题，形成了习近平生态文明思想，成为习近平新时代中国特色社会主义思想的重要组成部分。党的十九大报告明确指出“建设生态文明是中华民族永续发展的千年大计”，为全面加强生态环境保护、打好污染防治攻坚战明确了目标、指明了方向、规划了路径、鼓足了干劲。2018 年 3 月，中共中央印发《深化党和国家机构改革方案》，组建生态环境部，将山水林田湖草统一起来，打通地上和地下，打通岸上和水里，打通陆地和海洋，打通城市和农村，打通一氧化碳和二氧化碳，统一行使生态和城乡各类污染排放监管和行政执法职责。近年来，我国生态环境领域、生态文明建设领域、治理体系现代化和治理能力现代化取得深刻变革和巨大进步，生态文明建设成效显著，天变蓝、水变清、地变绿，人居环境更美好，已成为我国发展质量和效益提高的重要标志。在看到成绩的同时，也要看到我国“生态环境保护任重道远”，局部地区依然存在着环境恶化、资源枯竭、生态退化等问题，自然界的平衡遭到破坏，资源环境承受着巨大压力，生态文明建设正处于关键期、攻坚期和窗口期，需要“守正笃实，久久为功”，不断改善生态环境，构建资源节约型社会。

在此形势下，国家先后作出了《中共中央 国务院关于加快推进生态文明建设的意见》《中共中央 国务院关于全面加强生态环境保护 坚决打好污染防治攻坚战的意见》《关于构建现代环境治理体系的指导意见》等一系列部署，生态文明建设和生态环境保护制度体系正在加快形成。生态环境标准体系是生态环境标准按其内在联系构成的科学的有机整体。构建一个科学合理的生态环境标准体系，对于提高生态环境保护管理水平具有重要意义。作为生态文明制度体系建设的重要一环，环境保护标准体系也进一步得到充实完善，目前我国两级五类的环保标准体系已形成，分别为国家级和地方级标准，类别包括环境质量标准、污染物排放（控制）标准、环境监测类标准、环境管理规范类标准和环境基础类标准。截至“十二五”末期，累计发布国家环保标准1941项（其中“十二五”期间发布493项），废止标准244项，现行标准1697项。在现行国家环保标准中，环境质量标准16项，污染物排放（控制）标准161项，环境监测类标准1001项，环境管理规范类标准481项，环境基础类标准38项。为了加强对地方环保标准的指导和管理，原环境保护部发布《关于加强地方环保标准工作的指导意见》（环发〔2014〕49号）和《关于抓紧复审和清理地方环境质量标准和污染物排放标准的通知》（环办〔2015〕39号）等文件，理顺了国家标准与地方标准之间的关系，地方环保标准得到快速发展。截至“十二五”末期，通过备案的地方环保标准达到148项，比“十一五”末期增加了85项。但是，环境保护标准中涉及环境相关门类较多，部分标准对生态环境的测评方法进行了详细规定，但部分规定由于在设计初目的不同、环境要素不同、治理难度不同等，并没有形成统一的生态环境标准体系，尤其是没有制定关于生态环境的标准体系，给具体的预防工作和治理工作带来了很大的困难。2017年11月4日，新修订的《中华人民共和国标准化法》发布，其中“国家鼓励学会、协会、商会、联合会、产业技术联盟等社会团体协调相关市场主体共同制定满足市场和创新需要的团体标准，由本团体成员约定采用或者按照本团体的规定供社会自愿采用”，赋予了团体标准法律地位，构建了政府标准与市场标准协调配套的新型标准体系，团体标准作为两级五类的环保标准体系的重要补充，对生态环境标准体系建设具有非常重要的意义。

“广西生态优势金不换”，广西的生态环境战略地位十分突出。为了保持“金不换”的生态优势，全面落实习近平总书记赋予广西的“三大定位”新使命及提出的“五个扎实”新要求，自治区党委、人民政府以环境质量改善为核心，以落实国家“三个十条”为重点，以确保生态环境安全为底线，全力推进生态环境保护制度建设，生态环境保护工作成效明显。2018年，全区设区市城市环境空气质量优良天数比例为91.6%；全区$PM_{2.5}$平均浓度为35μg/m^3，比2015年下降14.6%；纳入国家“水十条”考核的52个地表水断面，达到或优于Ⅲ类水体的比例为96.2%，无劣Ⅴ类断面；设区市集中式饮用水水源地水质达标率为92.5%，县级为96.2%（截至2018年6月）；近岸海域国家考核站位一、二类海水比例为90.9%；森林覆盖率为62.31%，石漠化山区成为“绿色海洋”，生态环境质量保持全国前列，生态优势更加巩固。2015～2018年，全区万元国内生产总值能耗分别下降5.1%、3.6%、3.4%和2.7%，全面完成国家下达的节能减排降碳任务和空气质量改善目标。生态环境治理的不断加强，促进了生态环境标准体系逐步建立健全。2010～2018年，广西共征集地方环保标准项目40项，获得自治区质量技术监督局立项 22 项，其中大气污染防治标准 2 项、水污染防治标准 4 项、环境管理标准 16 项；累计发布实施地方生态环境标准 6 项。生态环境标准体系的建立与实施，促进当地企业清洁生产、各类污染物全面达标排放，为各级环保部门综合管理提供了参考依据。因此，构建完善的广西地方生态环境标准体系是贯彻落实习近平总书记对广西的生态定位，响应生态文明建设的重要举措；是把广西建设成为资源节约型、环境友好型生态宜居区域的必然选择；是广西生产技术革新，环保产业迅速发展的强大推动力；也是广西实现经济结构调整、高质量发展的必由之路。

广西是我国生物多样性和土壤保持的重要区域，江河东流粤港澳，海湾环接东盟国家，具有良好的生态环境和自然禀赋；地处珠江长江流域中上游区域，是我国南方重要的生态屏障；陆海与越南交界，生态地位极为重要，其生态文明建设对国家和周边地区影响重大。环境标准体系建设作为环境保护制度体系建设的重要组成部分，须积极主动应对国家及广西环境保护工作，适应主要污染物减排、产业结构转型升级、环境风险防范、环境管理标准化和规范化、生态文明建设等方面的新要求。国家标准是在综合考虑全国不同地区的各项因素的基础上制定的，对于广西来说，在一些特征污染物的排放上仍有削减的余地和必要性。依据《中华人民共和国标准化法》的规定，我国地方可根据本地实际情况制定严于国家标准的地方标准。为了更好地提高广西的生态环境质量，并促进行业中生产技术的革新与清洁能源的推广使用，广西有必要针对自身的环境状况系统地制定地方环境标准体系。为确保生态环境保护工作目标的完成，以广西生态系统和环境管理需求为基础，研究制定涵盖不同环境因子的地方标准，对逐步建立和完善广西地方生态环境标准体系意义重大。

1.2 主要内容与价值

本书通过分析 2015～2018 年广西大气、水、土壤、噪声、海洋等要素的环境质量状况及变化趋势，梳理国家和广西现有的环境标准，分析当前国家标准及广西地方标准在适用大气、水、土壤、噪声、海洋等环境要素管理时所存在的问题，查找广西现有环境标准中存在的缺陷、空白和不足，为构建具有地方特色和切合实际的广西地方生态环境标准体系，为各类污染物的排放控制和各级政府环境管理提供科学依据和技术支持。

1.2.1 理论价值

本书在系统了解国内外所建立的环境标准体系的基础上，通过对当前广西的生态环境质量和主要污染物排放状况进行调查研究，结合我国的政策导向和广西发展方向，针对当前和今后一段时期内广西生态环境中存在的有关环境保护的问题，探索建立广西地方生态环境标准体系的基本框架，以广西县域生态环境质量构建综合评价指标体系进行评估示范，并逐步扩大示范效应。

1.2.2　实践价值

建设广西地方生态环境标准体系，对于“打好碧水蓝天净土三大保卫战，擦亮山清水秀生态美的金字招牌”具有重大意义。

（1）加强地方生态环境标准体系建设是打赢污染防治攻坚战的重要措施。

当前，广西正处在转变发展方式、优化经济结构、转换增长动力的攻关期，处在滚石上山、爬坡过坎的关键阶段。提高地方环境标准是实施管理排放、淘汰落后产能的一项重要手段，可促进企业积极采用更清洁的工艺技术，提高原材料的使用效率，减少污染物的产生和排放；限制、淘汰一批经济总量小而污染严重的企业，大幅度削减污染物排放量，控制新增污染物排放量。

（2）加强地方生态环境标准体系建设是适应广西经济社会发展的迫切需要。

为全面贯彻落实习近平总书记赋予广西的“三大定位”新使命及提出的“五个扎实”新要求，广西立足“一湾相挽十一国，良性互动东中西”的独特区位，充分释放“海”的潜力，激发“江”的活力，做足“边”的文章，大规模的产业建设和基础设施建设已经逐步展开。经济的快速发展会增加环境压力，由于水资源短缺以及人为活动影响，工业的大规模发展还将增加空气污染物的排放量，使区域空气环境质量、水环境质量面临更加严峻的考验。在经济高速增长背景下，要满足国家污染物排放总量控制的要求，必须以环境优化来促进经济增长，取缔工艺落后、污染物排放量大、治理难度大、对经济社会发展贡献小的污染源，腾出可供广西经济社会快速发展的环境容量。因此需要研究制定相应的环境标准，鼓励先进，提升广西经济社会发展整体水平，实现“又好又快”的高质量发展目标。

（3）加强地方生态环境标准体系建设是生态环境治理能力建设的重要任务。

环境标准是科学管理环境的技术基础。环境标准是立法、执法的尺度；是环境政策、环境规划所确定的环境质量目标的体现；是监测、检查环境质量和污染源排放污染物是否符合要求的标尺。环境监管与制定实施环境标准紧密联系，如果没有相关标准，环境法律将难有具体依循，各项环境保护工作的效果也将很难评定，从而难以进行有效的环境管理。

比如在 2013 年，广西制定了比“国标”更为严格的《甘蔗制糖工业水污染物排放标准》（DB 45/893—2013），以此倒逼制糖企业从源头上削减污染物的排放量，主动采用清洁生产技术工艺和先进的污染治理技术减少污染物排放，促进广西进一步节能减排。新标准的制定实施，有助于各级生态环境主管部门针对水污染物排放进行综合量化管理，减少污染物排放总量，促进企业清洁生产、技术进步、强化管理，从源头进行控制，从而为达到全面达标排放提供了参考依据。

第二章　国家生态环境标准体系概况

根据《中华人民共和国标准化法》(2017 修订)的要求，标准包括国家标准、行业标准、地方标准、团体标准和企业标准。国家标准分为强制性标准和推荐性标准，行业标准、地方标准为推荐性标准。本章主要介绍国家生态环境相关标准。

2.1　国家生态环境标准的发展历程

我国生态环境标准是与生态环境事业同步发展起来的，1973 年发布第一项国家生态环境标准《工业“三废”排放试行标准》(GBJ4—73)，历经 5 个发展阶段(表 2-1)，初步形成了较为完善的生态环境标准体系，全面覆盖水、大气、土壤、固体废物、噪声和辐射污染控制等领域。

表 2-1　我国生态环境标准发展历程

时期	生态环境标准体系发展阶段	环境管理发展阶段	生态环境标准支撑环境管理需求的标志
1973～1978 年	起步阶段	确定了“全面规划，合理布局，综合利用，化害为利，依靠群众，大家动手，保护环境，造福人民”的 32 字环保工作方针	《工业“三废”排放试行标准》的制定和实施
1979～1989 年	初步形成阶段	把保护环境确立为基本国策，确定 8 项环境管理制度与实施《中华人民共和国环境保护法》	制定发布了 41 项行业型国家污染物排放(控制)标准，支撑各项管理制度
1990～1999 年	污染物排放标准体系调整和环境质量标准修订	发布《国务院关于环境保护若干问题的决定》，大力推进“一控双达标”	发布了 64 项国家污染物排放(控制)标准，颁布环境空气、土壤、海水、渔业水质、农田灌溉水质、电磁辐射等环境质量标准，支撑“一控双达标”
2000～2010 年	生态环境标准体系调整为以行业型排放标准为主、综合型排放标准为辅快速发展阶段	把主要污染物减排作为经济社会发展的约束性指标，完善环境法制和经济政策，强化重点流域区域污染防治，提高环境执法监管能力	以明确“超标违法”为标志，发布 118 项污染物排放(控制)标准，环境标准类型和数量大幅度增加，支撑环境法制
2011 年至今	由侧重发展国家级标准向国家级与地方级标准平衡发展转变	建设生态文明，实现以环境质量改善为目标的环境管理模式战略转型	以《火电厂大气污染物排放标准》(GB 13223—2011)和《环境空气质量标准》(GB 3095—2012)为标志，更加强调以人为本，以环境质量改善为目标导向

我国生态环境标准体系经历了5个发展阶段。第一阶段（1973～1978年），生态环境标准起步阶段。主要体现为《工业“三废”排放试行标准》（GBJ4—73）的制定和实施。第二阶段（1979～1989年），生态环境标准初步形成阶段。1979年《中华人民共和国环境环保法（试行）》对生态环境标准作出了规定，1984年设立国家环境保护局并下设规划标准处，开始了生态环境标准有组织、有系统的研究和制定。在此期间制定发布了41项行业型国家污染物排放（控制）标准，初步建立了以环境质量标准和污染物排放标准为主体，环境监测方法标准、环境标准样品标准、环境基础标准相配套的国家环境标准体系。第三阶段（1990～1999年），污染物排放标准体系调整和环境质量标准修订阶段。在此期间发布了64项国家污染物排放（控制）标准，包括《污水综合排放标准》（GB 8978—1996）和火电、钢铁、纺织染整、水泥等行业污染物排放标准。颁布环境空气、土壤、海水、渔业水质、农田灌溉水质、电磁辐射等环境质量标准，环境质量标准体系基本完善。第四阶段（2000～2010年），生态环境标准快速发展阶段。以2000年修订的《中华人民共和国大气污染防治法》、2008年修订的《中华人民共和国水污染防治法》等明确“超标违法”为标志，生态环境标准类型和数量大幅度增加，发布了造纸、制药、合成氨、电镀、锅炉、轻型汽车等118项污染物排放（控制）标准。生态环境标准体系调整为以行业型排放标准为主、综合型排放标准为辅。第五阶段（2011年至今），生态环境标准优化阶段。以《火电厂大气污染物排放标准》（GB 13223—2011）和《环境空气质量标准》（GB 3095—2012）为标志，生态环境标准逐步与国际接轨，更加强调以人为本，以环境质量改善为目标导向，污染物限值更加严格，要求更加刚性，同时优化体系并加强标准的实施监督。

从我国生态环境标准的发展历程可见，我国的生态环境标准实质上是与生态环境事业同时起步，并且共同发展的。科技引领、支撑管理，主要着力点就是生态环境标准。在不同的环境管理阶段，生态环境标准体系的侧重点与发展方向要与环境管理战略调整保持一致，这也就是环保标准引领并支撑环境管理转型的重要作用。

我国环境监测方法体系框架源自20世纪80年代初，原子能出版社出版的《环境放射性监测方法》及中国环境科学出版社出版的《水和废水监测分析方法》《空气和废气监测分析方法》《工业固体废弃物有害特性试验与监测分析方法（试行）》等开启了我国环境监测方法体系的构建历程。20世纪90年代，空气、地表水、固定污染源、噪声、固体废物、生物、土壤、电磁辐射等环境要素的分析方法逐步规范。到21世纪初期，生态环境部门对实际工作中广泛应用的监测方法进行了标准的转化，颁布了近400项环境监测分析方法标准，标志着我国基本建立了环境监测分析方法标准体系。近年来，生态环境主管部门加大了生态环境标准制修订工作力度，目前我国现行的环境监测规范主要包括环境监测分析方法标准、环境监测技术规范、环境监测仪器技术要求以及环境标准样品 4 个小类，现行标准数量总计超过 1000 项。此外，还有上百项正在制修订的环境监测规范。现行和正在制修订的环境监测规范主要覆盖了现行和正在制修订的环境质量标准、污染物排放（控制）标准中涉及的污染物项目监测方法，各类环境介质的环境质量和污染源监测的手工及自动环境监测技术规范。特别是“十二五”以来，我国的环境监测规范体系建设十分注重对环境质量标准、污染物排放标准以及环境监测管理重点工作的支撑配套，工作中所急需的标准基本已列入制修订计划，正在全力推进发布实施。目前，我国环境监测方法标准体系虽然对提升我国环境监测的技术水平、规范环境监测程序、提高监测数据的准确性和可比性、更好地服务和满足环境管理的需求发挥了有力的技术支撑作用，但在具体工作中仍存在许多问题。

2.2　国家生态环境标准的管理体制

按照《中华人民共和国环境保护法》规定，国家环境质量标准与污染物排放（控制）标准由国务院环境保护主管部门制定。国家环境质量标准与污染物排放（控制）标准中未作规定的项目及严于国家生态环境标准的地方环境质量标准和污染物排放（控制）标准由地方省级人民政府制定，并报国务院环境保护主管部门备案。

作为法定的国家生态环境标准制定主体，国务院环境保护主管部门依法对生态环境标准的管理进行细化规定，先后公布了《环境标准管理办法》（国家环境保护总局令第 3 号）、《国家环境保护标准制修订工作管理办法》（国家环境保护总局公告 2006 年第 41 号）和《国家环境保护标准制修订项目计划管理办法》（环办〔2010〕86 号）等 13 个相关管理文件；2014 年发布了《关于加强地方环保标准工作的指导意见》（环发〔2014〕49 号）。生态环境部对标准管理相关标准进一步整合，2019 年 10 月印发《生态环境标准管理办法（征求意见稿）》《国家生态环境标准制修订工作管理办法（征求意见稿）》，2020 年 1 月公布了《地方标准管理办法》（国家市场监督管理总局令第 26 号）并于 2020 年 3 月 1 日开始施行，国家对加强地方生态环境标准工作进行了指导要求（表 2-2）。

表 2-2　国家生态环境标准制修订工作相关管理性文件

序号	类别	文件名称	国家工作计划
1	法律	《中华人民共和国环境保护法》	现行有效
2	法律	《中华人民共和国标准化法》	现行有效

续表

序号	类别	文件名称	国家工作计划
3	总体要求	《地方标准管理办法》（国家市场监督管理总局令第26号）	现行有效
4	总体要求	《环境标准管理办法》（国家环境保护总局令第3号）	现行有效
5	程序管理	《国家环境保护标准制修订工作管理办法》（国环规科技〔2017〕1号）	现行有效
6	程序管理	《生态环境标准管理办法》	现行有效
7	程序管理	《国家生态环境标准制修订工作管理办法（征求意见稿）》	2019年10月30日征求意见

国家生态环境标准管理工作的主要技术支撑单位是生态环境部环境标准研究所，其承担了大部分的国家生态环境标准技术管理与支持、地方生态环境标准审查与备案管理技术支持、各类国家生态环境标准研究与制定等工作。目前相关的生态环境标准科研单位、监测机构以及其他部门、行业的研究机构也参与到国家各类生态环境标准的制修订工作中。

此外，新修订的《中华人民共和国标准化法》于2018年实施后，正式确立了团体标准的法律地位，构建了政府标准与市场标准协调配套的中国新型标准体系。社会团体可按照团体确立的标准制定程序自主制定发布生态环境类团体标准，在全国团体标准信息平台备案登记后供社会团体内部及社会自愿采用，增加了我国生态环境标准有效供给。

2.3　我国生态环境标准体系的结构

我国的生态环境标准体系是各种生态环境标准的集合，《生态环境标准管理办法》已于2020年11月5日由生态环境部部务会议审议通过，自2021年2月1日起施行。按照现行的《生态环境标准管理办法》，生态环境标准分为国家生态环境标准和地方生态环境标准。国家生态环境标准包括国家生态环境质量标准、国家生态环境风险管控标准、国家污染物排放标准、国家生态环境监测标准、国家生态环境基础标准和国家生态环境管理技术规范。国家生态环境标准在全国范围或者标准指定区域范围执行。地方生态环境标准包括地方生态环境质量标准、地方生态环境风险管控标准、地方污染物排放标准和地方其他生态环境标准。地方生态环境标准在发布该标准的省、自治区、直辖市行政区域范围或者标准指定区域范围执行。有地方生态环境质量标准、地方生态环境风险管控标准和地方污染物排放标准的地区，应当依法优先执行地方标准。此外，社会团体也可以按内部制定的标准管理办法，制定和发布生态环境相关团体标准。

地方生态环境质量标准应当在国家生态环境质量标准基础上，对具有区域性环境污染特征的项目指标作出补充规定或更加严格的规定。

污染物排放标准按照下列顺序执行：①地方污染物排放标准优先于国家污染物排放标准；地方污染物排放标准未规定的项目，应当执行国家污染物排放标准的相关规定。②同属国家污染物排放标准的，行业型污染物排放标准优先于综合型和通用型污染物排放标准；行业型或者综合型污染物排放标准未规定的项目，应当执行通用型污染物排放标准的相关规定。③同属地方污染物排放标准的，流域（海域）或者区域型污染物排放标准优先于行业型污染物排放标准，行业型污染物排放标准优先于综合型和通用型污染物排放标准。流域（海域）或者区域型污染物排放标准未规定的项目，应当执行行业型或者综合型污染物排放标准的相关规定；流域（海域）或者区域型、行业型或者综合型污染物排放标准均未规定的项目，应当执行通用型污染物排放标准的相关规定。出现以下情况，可以制定地方污染物排放标准：①地方严格实施现行国家污染物排放标准后，环境质量仍然不能达标的；②地方产业集中度高、环境问题突出、当地群众反映强烈的；③地方特色产业无国家行业型污染物排放标准且产生环境污染问题的；④地方特有污染物未被国家污染物排放标准覆盖的；⑤国家标准相关规定不能满足当地环境管理要求，需要进一步细化明确的；⑥国家明确要求针对某类污染源或某流域、区域制定地方污染物排放标准的。

另外，国家和地方生态环境质量标准、生态环境风险管控标准、污染物排放标准和法律法规规定强制执行的其他生态环境标准，以强制性标准的形式发布。法律法规未规定强制执行的国家和地方生态环境标准，以推荐性标准的形式发布。强制性生态环境标准必须执行。推荐性生态环境标准被强制性生态环境标准或者规章、行政规范性文件引用并赋予其强制执行效力的，被引用的内容必须执行，推荐性生态环境标准本身的法律效力不变。

我国生态环境标准体系呈现出的是具有三角形强力支撑的内在梯级结构，这种体系结构上的三角形强力支撑，决定了体系的稳定性和先进性。体系的支撑点体现在法律支撑、技术支撑和理论支撑三个层面上。位于梯级结构顶端的是环境质量标准，包含了大气、水、海洋、土壤、固体废物和噪声等各环境要素的质量标准。环境质量标准的建立，确定了单一环境要素的容量以及整体环境的发展目标，具有识别和评价生态环境质量优劣的功能，同时反映了一个国家的环境保护意识、科技水平和综合实力，因此环境质量标准在体系中占据着主导核心地位。

梯级结构的第二层次设立了污染物排放标准，明确了大气、水、固体废物和噪声等各类污染因子的排放上限。污染物排放标准针对所有的排污单位，以控制污染物的浓度、总量、速率和强度的方式，采取强制手段，在污染源和环境之间设置了一道屏障，为达到环境质量标准所确定的环境目标提供了法律支撑。污染物排放标准的制定以行业污染防治可行技术和可接受环境风险为主要依据，并充分考虑了环境容量、污染因子的稀释扩散、迁移转化和降解自净以及环境中生物体和社会经济体的承受能力。

污染物排放标准是我国生态环境标准体系梯级结构中技术配套支撑方面的体现，而技术配套支撑的另一方面是环境监测方法标准、环境标准样品标准的设立。这些标准组成了一个内在结构十分严密的技术方法标准群体，不仅体现了环境质量标准和污染物排放标准度量上的精确性和执法上的严格性，而且针对不同污染物的测定建立了标准样品和仪器设备等标准。由此可见，这个技术方法群体对于监测点的布设、样品的采集和制备等方面的各环节都进行了质量控制和技术规范，从而构成了对环境质量标准、污染物排放标准乃至整个标准体系的技术方法配套支撑。

生态环境标准体系的理论支撑反映在梯级结构底部的环境基础标准，它是对环境标准中需要统一的技术术语、符号、图形、指南、导则、量纲单位以及信息编码等所做的统一规定，为整个标准体系的构建和发展提出了指导原则，规定了技术路线和方法手段。环境基础标准理论的基石涉及数学、物理、化学、气象、地理、医学、经济、生物学等众多自然学科和社会学科群体，由此看来，我们的环境标准体系科学理论基础是相当雄厚和坚实的。

2.4 国家生态环境标准状况与发展需求

生态环境部在2020年6月例行新闻发布会公布的数据显示，截至2020年6月，现行国家生态环境标准总数达到2140项，其中，包括17项环境质量标准、186项污染物排放（控制）标准，这两类是强制性标准，合计203项；1231项环境监测类标准、42项环境基础标准、648项环境管理规范、16项与应对气候变化相关的标准。已经建立了“两级分类”的环保标准体系，两级为国家级标准和地方级标准。国家环境标准分为环境质量标准、污染物排放标准、环境基础标准、环境方法标准、环境标准物质标准和环保仪器设备标准六类。地方环境标准分为环境质量标准、污染物排放标准和环保仪器设备标准三类。目前，在生态环境部备案的现行有效地方环境质量标准有3项，地方污染物排放标准有141项。此外，由各社会团体制定并在全国标准信息公共服务平台备案的环境类相关标准有231项。

从行业控制范围来看，现行污染物排放标准已经覆盖了大气和水污染物的重点排放源。其中，已经发布了火电、钢铁、水泥、石化、化工、有色、机动车等72项大气污染物排放标准，控制项目120项，控制了上述行业全国人为总排放量

95%以上的固定污染源颗粒物、二氧化硫、氮氧化物排放；发布了造纸、焦化、石化、化工、有色、印染、制药、制革、电镀等64项水污染物排放标准，控制项目158项，对工业废水中化学需氧量、氨氮排放贡献80%以上，汞、镉、铅、砷、六价铬等重金属排放贡献90%以上的重点行业进行了管控。

随着“气十条”、“水十条”和“土十条”的发布，各领域的环保工作不断深入，我国环境管理工作开始从以控制环境污染为目标导向，向以环境质量改善为目标导向转变，并将逐步建立以排污许可制为核心的固定污染源环境管理制度。

为适应这一转变，满足新的环境管理需求，为环境监管执法提供依据，今后生态环境标准工作方向应包括以下三个方面：一是重点补充更新自动、遥感、现场监测标准规范，强化大气、水、土壤、噪声、固废、污染源等领域监测标准研究储备，支撑环境质量、污染物排放和风险管控标准实施，引领监测技术发展；二是组织开展监测标准实施情况评估，推进监测标准的废止、整合与更新，为监测数据统一可比奠定基础；三是建立“宽进严出”的监测标准管理机制，鼓励各方力量参与标准制修订，严格标准验证管理，加快形成先进适用、适度超前的监测标准体系。

第三章 广西生态环境质量体系研究

本章分别对大气、水、土壤、噪声、海洋等环境要素进行环境监测数据的收集、整理和汇总，并对各要素的数据变化趋势进行分析，通过多种统计方法，挖掘污染源与环境质量之间的规律，建立污染源类型与生态环境质量关联性分析，寻找广西生态环境质量体系特点。

3.1 广西污染物排放特征分析

3.1.1 2015～2018 年污染物排放状况及变化趋势

2018 年的广西环境统计数据显示，2018 年全区废水排放量 196 947.58 万 t，其中，工业废水 34 255.48 万 t，城镇生活污水 162 489.51 万 t，集中式治理设施污水 202.59 万 t；全区二氧化硫排放总量 13.58 万 t，其中，工业二氧化硫 10.44 万 t，城镇生活二氧化硫 3.13 万 t；全区氮氧化物排放总量 16.40 万 t（未统计机动车氮氧化物），其中，工业氮氧化物 16.04 万 t，城镇生活氮氧化物 0.35 万 t；全区烟粉尘排放总量 16.42 万 t（未统计机动车烟粉尘），其中，工业烟粉尘 15.75 万 t，城镇生活烟粉尘 0.67 万 t。

以上排放数据显示，在广西废水排放量中，生活源占 82.5%，为主要废水排放源；其次为工业源，占 17.4%；集中式治理设施仅占 0.1%，处理量占总量的比例较低。在废气排放量中，工业源占 91.0%，为主要排放来源；其次为生活源，占 8.9%；集中式治理设施仅占 0.1%（图 3-1）。

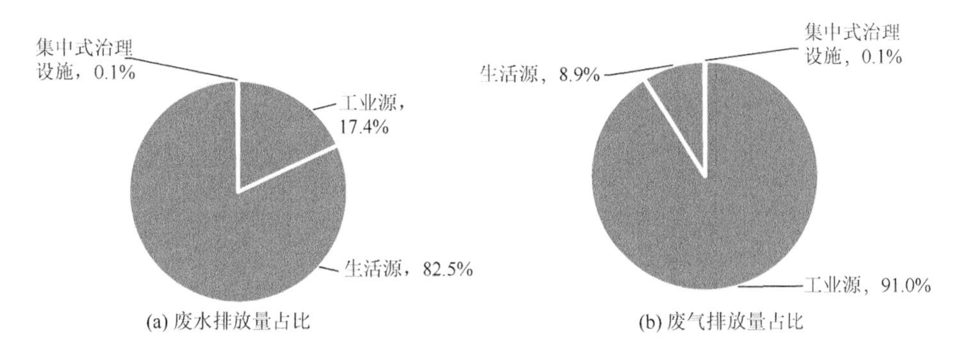

图 3-1 各行业废水、废气排放量占比图

全区工业主要分为制造业，采矿业，电力、热力、燃气及水生产和供应业，农业（农、林、牧、渔）四个门类，四个门类的工业废水排放量占比依次为 90.0%、9.6%、0.3%、0.1%，表明制造业是工业废水的主要来源，其次为采矿业。工业废气排放量占比依次为 80.0%、4.5%、15.4%、0.1%，表明制造业是工业废气的主要来源，其次是电力、热力、燃气及水生产和供应业，再次为采矿业。农业（农、林、牧、渔）的工业废水和废气排放量均占总量极小部分。

2015～2018 年广西重点调查工业企业数呈减少趋势（图 3-2），其中，2015 年全区重点调查工业企业 3543 家，2016 年全区重点调查工业企业 3295 家（同比下降 7.0%），2017 年全区重点调查工业企业 2 630 家（同比下降 20.2%），2018 年全区重点调查工业企业 2670 家（同比上升 1.5%）。

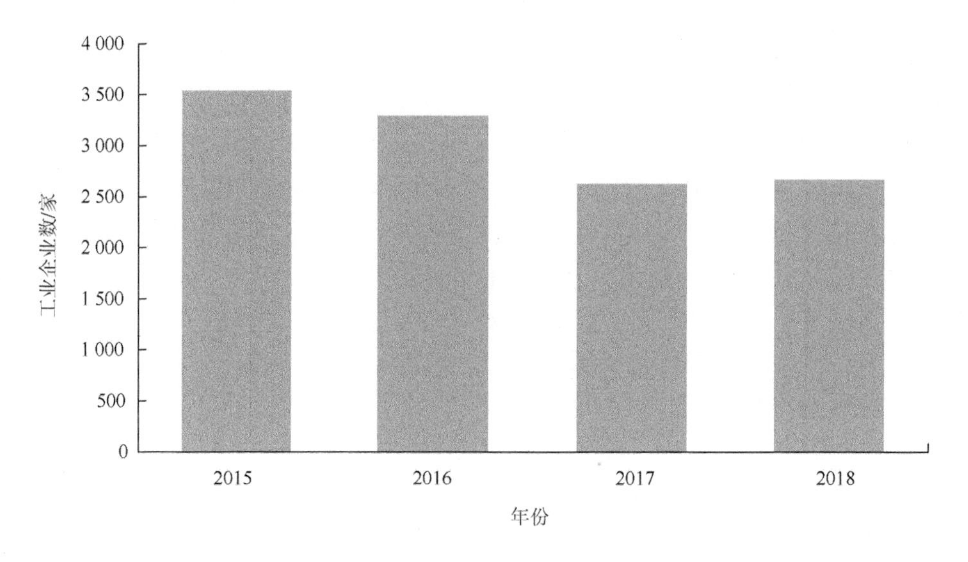

图 3-2　2015～2018 年广西重点调查工业企业分布图

3.1.2　2018 年大气污染物排放状况及 2015～2018 年变化趋势

1. 2018 年大气污染物排放状况

2018 年环境统计结果显示，大气污染源主要有工业源、生活源、移动源和集中式治理设施 4 类（由于移动源统计数据不全，无法同比，本书未统计）。大气污染物二氧化硫排放统计结果（表 3-1）显示，广西工业源为主要污染源，占总量的 76.9%；其次是生活源，占总量的 23.0%。但各地级城市占比不尽相同，其中百色市工业源占比最高，为 98.1%；南宁市占比最低，为 46.2%。

表 3-1　2018 年大气污染物分布总体情况一（二氧化硫排放量）

区域	区域总量/t	工业源/t	占总量比例/%	生活源/t	占总量比例/%	集中式治理设施/t	占总量比例/%
广西	135 756.6	104 392.2	76.9	31 273.9	23.0	90.5	0.1
南宁市	17 340.0	8 012.1	46.2	9 309.2	53.7	18.7	0.1
柳州市	17 786.4	12 406.2	69.7	5 329.5	30.0	50.7	0.3
桂林市	13 417.3	9 439.0	70.4	3 978.0	29.6	0.3	0.0
梧州市	5 473.6	3 223.6	58.9	2 232.7	40.8	17.3	0.3
北海市	6 228.2	4 728.3	75.9	1 499.4	24.1	0.5	0.0
防城港市	8 425.1	7 445.4	88.4	979.7	11.6	0.0	0.0
钦州市	4 351.1	3 234.8	74.4	1 115.3	25.6	0.9	0.0
贵港市	5 839.4	4 381.9	75.0	1 457.6	25.0	0.0	0.0
玉林市	3 672.0	2 549.8	69.4	1 120.5	30.5	1.7	0.1
百色市	27 041.1	26 514.1	98.1	527.0	1.9	0.0	0.0
贺州市	2 807.6	2 496.6	88.9	310.9	11.1	0.0	0.0
河池市	10 228.0	7 299.3	71.4	2 928.8	28.6	0.0	0.0
来宾市	9 605.2	9 396.1	97.8	209.1	2.2	0.0	0.0
崇左市	3 541.5	3 264.9	92.2	276.3	7.8	0.4	0.0

注：表中数据经四舍五入，可能与原始数据有细微误差。

大气污染物氮氧化物排放统计结果（表 3-2）显示，工业源为主要污染源，占总量的 97.8%；其次是生活源，占总量的 2.1%。各地级城市占比不尽相同，工业源占比范围为 94.0%（河池市）～99.6%（百色市、来宾市），生活源占比范围为 0.4%（百色市、来宾市）～6.0%（河池市）。

表 3-2　2018 年大气污染物分布总体情况二（氮氧化物排放量）

区域	区域总量/t	工业源/t	占总量比例/%	生活源/t	占总量比例/%	集中式治理设施/t	占总量比例/%
广西	164 009.6	160 423.5	97.8	3 479.3	2.1	106.8	0.1
南宁市	20 902.5	19 694.9	94.2	1 163.9	5.6	43.7	0.2
柳州市	28 826.4	28 347.5	98.4	441.7	1.5	37.3	0.1
桂林市	8 814.3	8 393.8	95.2	416.3	4.7	4.2	0.1
梧州市	6 044.0	5 733.0	94.8	305.7	5.1	5.3	0.1
北海市	5 850.0	5 699.1	97.4	149.5	2.6	1.4	0.0
防城港市	14 185.9	14 083.7	99.3	102.2	0.7	0.0	0.0
钦州市	5 072.5	4 988.9	98.4	82.2	1.6	1.3	0.0
贵港市	19 280.6	19 071.6	98.9	209.0	1.1	0.0	0.0
玉林市	9 894.5	9 756.7	98.6	132.6	1.3	5.2	0.1

续表

区域	区域总量/t	工业源/t	占总量比例/%	生活源/t	占总量比例/%	集中式治理设施/t	占总量比例/%
百色市	15 322.3	15 256.3	99.6	66.0	0.4	0.0	0.0
贺州市	3 825.9	3 794.6	99.2	31.3	0.8	0.0	0.0
河池市	4 875.1	4 583.1	94.0	292.0	6.0	0.0	0.0
来宾市	7 370.0	7 339.3	99.6	30.7	0.4	0.0	0.0
崇左市	13 745.6	13 681.0	99.5	56.3	0.4	8.3	0.1

注：表中数据经四舍五入，可能与原始数据有细微误差。

大气污染物烟粉尘排放统计结果（表 3-3）显示，工业源为主要污染源，占总量的 95.9%；其次是生活源，占总量的 4.1%。各地级城市占比不尽相同，工业源占比范围为 79.5%（桂林市）～99.4%（北海市、防城港市），生活源占比范围为 0.6%（北海市、防城港市）～20.4%（桂林市）。

表 3-3　2018 年大气污染物分布总体情况三（烟粉尘排放量）

区域	区域总量/t	工业源/t	占总量比例/%	生活源/t	占总量比例/%	集中式治理设施/t	占总量比例/%
广西	164 228.9	157 459.0	95.9	6 727.1	4.1	42.8	0.0
南宁市	10 474.7	10 273.6	98.1	191.4	1.8	9.7	0.1
柳州市	63 433.6	62 041.6	97.8	1 370.2	2.2	21.9	0.0
桂林市	6 625.0	5 266.8	79.5	1 350.0	20.4	8.2	0.1
梧州市	5 048.3	4 055.4	80.3	992.0	19.7	1.0	0.0
北海市	10 133.4	10 074.2	99.4	58.8	0.6	0.4	0.0
防城港市	9 109.9	9 058.9	99.4	51.0	0.6	0.0	0.0
钦州市	2 707.1	2 431.5	89.8	274.8	10.2	0.7	0.0
贵港市	16 804.9	16 119.0	95.9	685.9	4.1	0.0	0.0
玉林市	7 926.8	7 470.2	94.2	456.3	5.8	0.4	0.0
百色市	7 337.3	7 219.6	98.4	117.6	1.6	0.0	0.0
贺州市	3 083.5	2 967.2	96.2	116.3	3.8	0.0	0.0
河池市	7 322.8	6 446.8	88.0	876.0	12.0	0.0	0.0
来宾市	3 865.2	3 766.8	97.5	98.4	2.5	0.0	0.0
崇左市	10 356.5	10 267.4	99.1	88.4	0.9	0.6	0.0

注：表中数据经四舍五入，可能与原始数据有细微误差。

2. 2015～2018 年大气污染物排放总体情况及变化

2015～2018 年，广西重点调查的工业企业数呈总体减少趋势（表 3-4），2018 年较 2015 年总体数量减少 24.6%，其中减少最多的是贺州市，减少 61.3%；其次是玉林市，减少 38.7%。北海市、贵港市和来宾市 3 个地级城市工业企业数呈增加趋势，其中增加最多的是来宾市，增加 48.5%；其次是贵港市，增加 18.7%。

表 3-4　2015～2018 年广西及各市工业企业分布变化情况

区域	工业企业数/家				2018 年较 2015 年企业数增减率/%
	2015 年	2016 年	2017 年	2018 年	
广西	3 543	3 295	2 630	2 670	−24.6
南宁市	391	295	275	291	−25.6
柳州市	362	329	301	283	−21.8
桂林市	438	405	363	338	−22.8
梧州市	341	336	237	275	−19.4
北海市	93	93	96	98	5.4
防城港市	68	55	57	54	−20.6
钦州市	181	170	139	141	−22.1
贵港市	139	165	150	165	18.7
玉林市	478	495	329	293	−38.7
百色市	199	187	178	183	−8.0
贺州市	346	329	162	134	−61.3
河池市	286	202	159	182	−36.4
来宾市	101	123	107	150	48.5
崇左市	120	111	77	83	−30.8

2015 年广西环境统计重点调查的工业企业最多的城市为玉林市，有 478 家，占工业企业总数的 13.5%；其次为桂林市，有 438 家，占总数的 12.4%。2018 年广西环境统计重点调查的工业企业最多的城市为桂林市，有 338 家，占总数的 12.7%；其次为玉林市，有 293 家，占总数的 11.0%；防城港市环境统计重点调查的工业企业最少，2015 年为 68 家，占总数的 1.9%，2018 年为 54 家，占总数的 2.0%。

大气污染物二氧化硫排放总量（表 3-5）显示，2018 年比 2015 年减少 67.8%，其中来宾市减少最多，减少 84.2%；其次是河池市，减少 79.5%。氮氧化物排放总量减少 32.9%，各地级城市增减不一，其中减少最多的是来宾市，减少 65.7%；其次是桂林市，减少 60.6%（表 3-6）。烟粉尘排放总量减少 52.1%，只有北海市和来宾市是增加的，分别增加 98.7%、26.0%。其余 12 个城市均为减少，其中减少最多的是防城港市，减少 81.5%；其次是贵港市，减少 77.4%（表 3-7）。

表 3-5　2015～2018 年大气污染物排放变化表一（二氧化硫）

区域	2015 年排放量/t	2016 年排放量/t	2017 年排放量/t	2018 年排放量/t
广西	421 198.70	201 063.67	177 318.18	135 756.6
南宁市	39 426.00	18 130.79	17 865.25	17 340.0
柳州市	47 096.52	25 245.25	23 390.82	17 786.4
桂林市	36 721.26	20 661.07	16 348.96	13 417.3
梧州市	13 106.19	7 164.22	5 430.20	5 473.6
北海市	13 466.01	8 112.91	7 379.96	6 228.2
防城港市	28 850.72	22 763.26	13 271.57	8 425.1
钦州市	17 086.31	6 591.10	5 556.00	4 351.1
贵港市	26 422.33	24 463.57	26 952.38	5 839.4
玉林市	10 896.74	7 038.90	5 548.75	3 672.0
百色市	59 112.27	24 446.62	24 574.36	27 041.1
贺州市	9 904.65	3 976.09	3 456.00	2 807.6
河池市	49 966.86	19 557.60	15 991.09	10 228.0
来宾市	60 899.73	9 091.55	7 775.29	9 605.2
崇左市	8 243.11	3 820.73	3 777.54	3 541.5

注：表中数据经四舍五入，可能与原始数据有细微误差。

表 3-6　2015～2018 年大气污染物排放变化表二（氮氧化物）

区域	2015 年排放量/t	2016 年排放量/t	2017 年排放量/t	2018 年排放量/t
广西	244 409.3	176 402.2	184 824.9	164 009.6
南宁市	27 226.2	21 846.6	18 080.9	20 902.5
柳州市	36 304.0	29 381.9	28 592.3	28 826.4
桂林市	22 368.2	11 863.5	9 917.9	8 814.3
梧州市	3 995.5	4 754.0	6 861.6	6 044.0
北海市	6 509.8	6 816.6	5 158.4	5 850.0
防城港市	14 903.8	15 820.5	14 223.1	14 185.9
钦州市	7 161.6	7 195.2	4 246.4	5 072.5
贵港市	28 877.3	19 309.2	41 808.1	19 280.6
玉林市	13 509.7	9 507.1	9 788.8	9 894.5
百色市	34 089.8	18 898.4	16 233.9	15 322.3
贺州市	7 888.0	6 654.9	3 485.0	3 825.9
河池市	5 227.6	4 006.8	5 623.3	4 875.1
来宾市	21 501.3	7 153.6	6 810.8	7 370.0
崇左市	14 846.7	13 194.1	13 994.4	13 745.6

注：表中数据经四舍五入，可能与原始数据有细微误差。

表 3-7　2015～2018 年大气污染物排放变化表三（烟粉尘）

区域	2015 年排放量/t	2016 年排放量/t	2017 年排放量/t	2018 年排放量/t
广西	343 200.9	250 003.2	195 334.6	164 228.9
南宁市	30 640.7	14 325.7	9 919.9	10 474.7
柳州市	82 549.9	83 111.3	66 465.8	63 433.6
桂林市	12 661.8	11 618.1	9 388.4	6 625.0
梧州市	9 010.6	5 218.8	4 449.2	5 048.3
北海市	5 100.4	8 713.5	9 628.7	10 133.4
防城港市	49 189.7	27 452.4	17 007.0	9 109.9
钦州市	4 863.1	2 925.3	2 951.6	2 707.1
贵港市	74 511.0	45 616.7	27 705.4	16 804.9
玉林市	17 224.1	13 860.5	9 730.4	7 926.8
百色市	19 261.5	12 568.1	9 881.5	7 337.3
贺州市	5 048.2	3 664.8	2 588.5	3 083.5
河池市	14 619.6	5 611.0	9 051.0	7 322.8
来宾市	3 068.8	4 216.7	3 536.2	3 865.2
崇左市	15 451.4	11 100.6	13 031.0	10 356.5

注：表中数据经四舍五入，可能与原始数据有细微误差。

3.1.3　2018 年水污染指标排放状况及 2015～2018 年变化趋势

1. 2018 年水污染指标排放状况

2018 年环境统计结果显示，水污染源主要有工业源、农业源、生活源和集中式治理设施 4 类。水污染指标化学需氧量排放统计结果（表 3-8）显示，广西生活源为主要污染源，占排放总量的 92.6%；其次是工业源，占排放总量的 5.6%。各地级城市中梧州市生活源占比最高，为 97.9%；贺州市占比最低，为 86.8%。

表 3-8　2018 年水污染指标分布总体情况一（化学需氧量排放量）

区域	区域总量/t	工业源/t	占总量比例/%	农业源/t	占总量比例/%	生活源/t	占总量比例/%	集中式治理设施/t	占总量比例/%
广西	444 385.0	24 967.6	5.6	7 605.2	1.7	411 305.9	92.6	506.2	0.1
南宁市	70 567.4	4 811.9	6.8	788.9	1.1	64 958.1	92.1	8.5	0.0
柳州市	42 512.3	3 416.0	8.0	1.1	0.0	39 081.5	91.9	13.8	0.0
桂林市	28 297.7	1 354.7	4.8	140.9	0.5	26 779.3	94.6	22.9	0.1
梧州市	33 728.6	537.9	1.6	178.4	0.5	33 002.4	97.9	9.9	0.0

续表

区域	区域总量/t	工业源/t	占总量比例/%	农业源/t	占总量比例/%	生活源/t	占总量比例/%	集中式治理设施/t	占总量比例/%
北海市	11 984.8	1 054.6	8.8	0.0	0.0	10 924.2	91.2	6.0	0.0
防城港市	12 059.3	1 180.0	9.8	65.9	0.5	10 812.9	89.7	0.5	0.0
钦州市	28 024.4	1 597.9	5.7	1 266.7	4.5	25 151.2	89.8	8.5	0.0
贵港市	36 893.6	1 464.7	4.0	44.6	0.1	35 382.9	95.9	1.4	0.0
玉林市	65 012.0	3 205.5	4.9	307.7	0.5	61 376.1	94.4	122.7	0.2
百色市	30 394.5	1 708.1	5.6	228.8	0.8	28 205.2	92.8	252.5	0.8
贺州市	25 221.4	440.3	1.8	2 884.8	11.4	21 895.6	86.8	0.7	0.0
河池市	18 305.1	1 162.2	6.4	769.0	4.2	16 334.4	89.2	39.6	0.2
来宾市	21 585.9	1 866.1	8.6	45.1	0.2	19 659.5	91.1	15.3	0.1
崇左市	19 797.7	1 167.7	5.9	883.5	4.5	17 742.5	89.6	4.0	0.0

注：表中数据经四舍五入，可能与原始数据有细微误差。

水污染指标氨氮排放统计结果（表 3-9）显示，广西生活源仍是主要污染源，占排放总量的 95.6%；其次是工业源，占排放总量的 3.6%。各地级城市生活源占比均超过 90%，其中贵港市生活源占比最高，为 99.1%；玉林市占比最低，为 92.8%。

表 3-9　2018 年水污染指标分布总体情况二（氨氮排放量）

区域	区域总量/t	工业源/t	占总量比例/%	农业源/t	占总量比例/%	生活源/t	占总量比例/%	集中式治理设施/t	占总量比例/%
广西	50 249.1	1 831.4	3.6	138.0	0.3	48 034.0	95.6	245.7	0.5
南宁市	6 357.6	368.6	5.8	15.4	0.3	5 972.1	93.9	1.5	0.0
柳州市	3 993.2	231.1	5.8	0.2	0.0	3 759.3	94.1	2.7	0.1
桂林市	5 272.6	120.6	2.3	7.3	0.1	5 142.1	97.5	2.5	0.1
梧州市	3 659.2	52.3	1.4	8.3	0.2	3 597.6	98.3	1.1	0.1
北海市	965.6	60.9	6.3	0.0	0.0	904.2	93.6	0.5	0.1
防城港市	1 268.8	58.0	4.6	2.3	0.2	1 208.4	95.2	0.1	0.0
钦州市	3 343.7	109.4	3.3	14.3	0.4	3 216.7	96.2	3.3	0.1
贵港市	4 793.1	41.8	0.9	1.4	0.0	4 749.1	99.1	0.9	0.0
玉林市	7 190.2	414.2	5.8	14.1	0.2	6 673.1	92.8	88.7	1.2
百色市	3 220.9	97.8	3.0	3.8	0.1	3 000.2	93.2	119.1	3.7
贺州市	2 643.0	81.2	3.1	10.4	0.4	2 551.2	96.5	0.2	0.0
河池市	2 981.0	92.3	3.1	15.7	0.5	2 852.2	95.7	20.8	0.7
来宾市	2 550.3	61.4	2.4	2.6	0.1	2 482.7	97.4	3.6	0.1
崇左市	2 010.0	42.0	2.1	42.2	2.1	1 925.0	95.8	0.7	0.0

注：表中数据经四舍五入，可能与原始数据有细微误差。

水污染指标总氮排放统计结果（表 3-10）显示，广西生活源为主要污染源，占排放总量的 93.6%；其次是工业源，占排放总量的 5.3%。各地级城市生活源占比不尽相同，其中贵港市生活源占比最高，为 97.7%；崇左市占比最低，为 88.3%。

表 3-10 2018 年水污染指标分布总体情况三（总氮排放量）

区域	区域总量/t	工业源/t	占总量比例/%	农业源/t	占总量比例/%	生活源/t	占总量比例/%	集中式治理设施/t	占总量比例/%
广西	75 513.8	3 983.4	5.3	507.9	0.7	70 709.2	93.6	313.2	0.4
南宁市	11 178.2	610.0	5.5	50.1	0.4	10 516.0	94.1	2.1	0.0
柳州市	7 053.0	666.5	9.5	0.7	0.0	6 382.6	90.5	3.2	0.0
桂林市	6 742.1	193.0	2.9	16.9	0.3	6 529.0	96.8	3.2	0.0
梧州市	5 072.4	127.0	2.5	18.4	0.4	4 925.0	97.1	2.0	0.0
北海市	1 972.2	206.3	10.5	0.0	0.0	1 765.2	89.5	0.7	0.0
防城港市	1 654.4	78.6	4.8	7.0	0.4	1 568.7	94.8	0.2	0.0
钦州市	4 344.6	190.6	4.4	50.5	1.1	4 099.9	94.4	3.6	0.1
贵港市	7 810.6	173.1	2.2	3.5	0.1	7 632.6	97.7	1.4	0.0
玉林市	10 882.7	722.8	6.6	34.8	0.3	9 998.7	91.9	126.5	1.2
百色市	4 650.3	201.2	4.3	14.2	0.3	4 300.5	92.5	134.3	2.9
贺州市	3 632.2	94.0	2.6	163.6	4.5	3 374.4	92.9	0.1	0.0
河池市	4 159.1	247.4	6.0	51.5	1.2	3 827.1	92.0	33.1	0.8
来宾市	3 532.3	230.4	6.5	9.2	0.3	3 290.0	93.1	2.6	0.1
崇左市	2 829.7	242.5	8.6	87.5	3.1	2 499.5	88.3	0.2	0.0

注：表中数据经四舍五入，可能与原始数据有细微误差。

水污染指标总磷排放统计结果（表 3-11）显示，广西生活源为主要污染源，占排放总量的 94.6%；其次是工业源，占排放总量的 3.3%。各地级城市总磷排放生活源占比范围在 78.8%（桂林市）～98.6%（梧州市）。

表 3-11 2018 年水污染指标分布总体情况四（总磷排放量）

区域	区域总量/t	工业源/t	占总量比例/%	农业源/t	占总量比例/%	生活源/t	占总量比例/%	集中式治理设施/t	占总量比例/%
广西	4 721.8	156.5	3.3	90.1	1.9	4 468.7	94.6	6.5	0.2
南宁市	745.1	30.0	4.0	9.0	1.2	705.7	94.7	0.4	0.1
柳州市	424.6	16.8	3.9	0.0	0.0	406.2	95.7	1.6	0.4
桂林市	46.6	7.3	15.7	2.3	4.9	36.7	78.8	0.3	0.6
梧州市	410.1	3.1	0.7	2.8	0.7	404.2	98.6	0.0	0.0

续表

区域	区域总量/t	工业源/t	占总量比例/%	农业源/t	占总量比例/%	生活源/t	占总量比例/%	集中式治理设施/t	占总量比例/%
北海市	79.4	15.2	19.1	0.0	0.0	64.2	80.9	0.0	0.0
防城港市	114.8	2.5	2.2	1.1	0.9	111.2	96.9	0.0	0.0
钦州市	253.5	9.7	3.8	14.6	5.8	229.1	90.4	0.1	0.0
贵港市	576.4	7.9	1.4	0.7	0.1	567.8	98.5	0.0	0.0
玉林市	681.4	35.4	5.2	5.0	0.7	640.6	94.0	0.4	0.1
百色市	353.4	11.0	3.1	3.9	1.1	335.2	94.9	3.3	0.9
贺州市	276.0	1.5	0.5	23.1	8.4	251.2	91.0	0.2	0.1
河池市	329.7	10.0	3.1	12.9	3.9	306.7	93.0	0.1	0.0
来宾市	219.6	4.2	1.9	0.8	0.4	214.5	97.7	0.1	0.0
崇左市	211.2	1.9	0.9	13.9	6.6	195.4	92.5	0.0	0.0

注：表中数据经四舍五入，可能与原始数据有细微误差。

2. 2015～2018 年水污染指标排放变化趋势

2015～2018 年，广西重点调查的工业企业减少，废水主要污染指标排放也有所减少。

排放统计结果（表 3-12）显示，2018 年化学需氧量排放较 2015 年减少 37.5%，其中桂林市减少幅度最大，为 58.5%；崇左市其次，为 55.0%；玉林市减少幅度最小，为 13.8%。没有化学需氧量排放量增加的城市。氨氮排放总量减少 34.5%，其中崇左市减少幅度最大，为 49.2%；南宁市次之，为 47.3%；防城港市减少幅度最小，为 11.2%。没有氨氮排放量增加的城市。

表 3-12　2015～2018 年水污染指标分布变化情况一

区域	化学需氧量排放总量/t				氨氮排放总量/t			
	2015 年	2016 年	2017 年	2018 年	2015 年	2016 年	2017 年	2018 年
广西	711 167.2	415 955.2	455 913.8	444 385.0	76 684.4	46 151.0	48 337.8	50 249.1
南宁市	107 177.0	68 287.1	70 454.6	70 567.4	12 057.0	7 461.1	5 035.4	6 357.6
柳州市	52 591.9	42 535.8	42 132.0	42 512.3	7 480.5	4 071.8	4 011.0	3 993.2
桂林市	68 103.6	33 081.0	33 528.5	28 297.7	8 132.0	4 963.1	5 511.3	5 272.6
梧州市	48 030.3	29 723.0	32 946.9	33 728.6	4 874.2	3 615.5	3 472.3	3 659.2
北海市	26 023.6	12 422.7	15 883.1	11 984.8	1 580.5	1 191.7	1 322.8	965.6
防城港市	21 106.9	10 640.0	11 331.0	12 059.3	1 428.0	1 045.5	1 183.3	1 268.8
钦州市	42 832.5	37 663.1	28 011.6	28 024.4	4 322.2	3 268.6	3 233.2	3 343.7

续表

区域	化学需氧量排放总量/t				氨氮排放总量/t			
	2015 年	2016 年	2017 年	2018 年	2015 年	2016 年	2017 年	2018 年
贵港市	70 584.3	9 309.9	46 565.6	36 893.6	7 411.9	1 533.3	5 343.4	4 793.1
玉林市	75 449.3	60 889.9	52 403.3	65 012.0	9 385.9	6 556.6	6 635.4	7 190.2
百色市	42 966.2	26 749.9	29 614.3	30 394.5	4 133.4	2 724.5	2 992.2	3 220.9
贺州市	33 364.4	21 075.7	26 597.6	25 221.4	3 466.3	2 443.5	2 496.6	2 643.0
河池市	39 711.0	26 520.6	24 206.0	18 305.1	4 597.0	3 231.0	2 654.0	2 981.0
来宾市	39 205.5	20 268.5	22 394.7	21 585.9	3 858.7	2 287.0	2 472.4	2 550.3
崇左市	44 020.7	16 788.0	19 844.6	19 797.7	3 956.8	1 757.8	1 974.5	2 010.0

注：表中数据经四舍五入，可能与原始数据有细微误差。

由于 2016 年与 2015 年的统计口径不同，表 3-13 中 2015～2018 年总氮、总磷排放总量均只统计工业源、生活源、集中式治理设施三项。

表 3-13　2015～2018 年水污染指标分布变化情况二

区域	总氮排放总量/t				总磷排放总量/t			
	2015 年	2016 年	2017 年	2018 年	2015 年	2016 年	2017 年	2018 年
广西	69 096.8	6 2810.8	88 074.5	74 706.8	4 542.7	4 368.4	4 762.5	4 631.7
南宁市	12 380.2	11 282.2	10 567.6	11 127.1	636.5	742.0	445.7	736.1
柳州市	8 366.0	6 785.9	6 814.1	7 050.1	589.3	412.6	372.4	424.7
桂林市	7 081.6	6 929.7	6 743.3	6 723.0	424.9	429.6	144.4	44.3
梧州市	4 855.9	4 640.1	5 158.5	5 053.0	297.0	276.2	422.2	407.4
北海市	2 334.5	1 999.2	2 136.5	1 972.5	127.5	108.1	87.7	79.3
防城港市	1 275.9	1 204.8	1 648.4	1 648.3	26.3	24.2	120.0	113.6
钦州市	3 813.6	3 908.6	4 008.0	4 291.6	283.2	293.2	283.3	238.9
贵港市	5 250.6	1 669.1	7 407.3	7 806.6	374.4	620.6	872.6	575.7
玉林市	6 748.0	8 556.8	9 958.8	10 722.4	496.4	149.6	720.3	676.4
百色市	4 349.0	3 181.4	4 198.0	4 502.7	337.3	247.7	337.5	349.6
贺州市	3 217.6	3 242.8	3 341.5	3 469.5	232.6	251.1	238.9	252.9
河池市	3 710.6	4 143.7	3 681.2	4 075.5	345.0	343.6	274.7	316.7
来宾市	3 191.1	3 020.1	3 582.4	3 521.4	198.8	242.2	245.8	218.8
崇左市	2 522.2	2 246.4	18 828.9	2 743.1	173.5	227.7	197.0	197.3

注：表中数据经四舍五入，可能与原始数据有细微误差。

2018 年总氮排放总量较 2015 年增加 8.1%，其中柳州市、北海市、南宁市、桂林市排放总量分别减少 15.7%、15.5%、10.1%、5.1%；其他 10 个地区均增加，其中玉林市、贵港市、防城港市分别增加 58.9%、48.7%、29.2%，其他地区增加幅度为 3.5%～12.5%。

2018 年总磷排放总量较 2015 年增加 2.0%，其中桂林市、北海市、柳州市、钦州市、河池市 5 个地区排放总量分别减少 89.6%、37.8%、27.9%、15.6%、8.2%；其他 9 个地区均增加，防城港市增加 331.9%，其他 8 个地区增加幅度为 3.6%～53.8%。

3.1.4　2015～2018 年固体废物产生状况及变化趋势

环境统计结果显示，2015～2018 年广西一般工业固体废物产生量、综合利用量、处置量和贮存量有波动，其中，产生量和贮存量 2016 年、2017 年均相比上一年有所减少，2018 年出现较明显的增长；综合利用量 2017 年较 2015 年和 2016 年有所下降，2018 年再度增加；与 2016 年相比，2017 年处置量明显增加（图 3-3）。

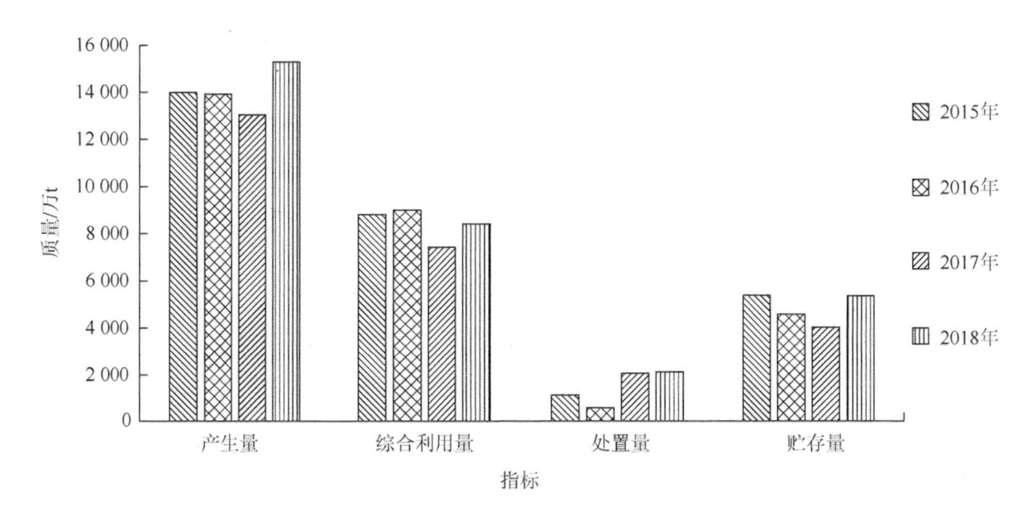

图 3-3　2015～2018 年广西一般工业固体废物排放状况

与 2015 年相比，2018 年广西一般工业固体废物综合利用率、贮存率略有下降，处置率则有所增加（图 3-4）。

环境统计结果显示，2015～2018 年广西危险废物产生量和综合利用量均逐年升高，2016 年以后贮存量波动幅度逐年减小（图 3-5）。

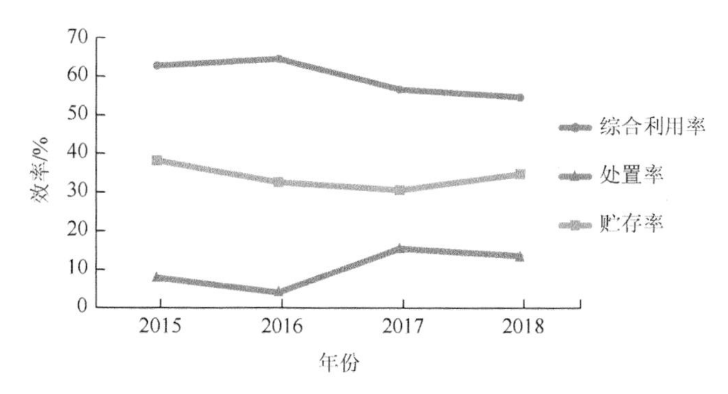

图 3-4　2015～2018 年广西一般工业固体废物处理处置能力状况

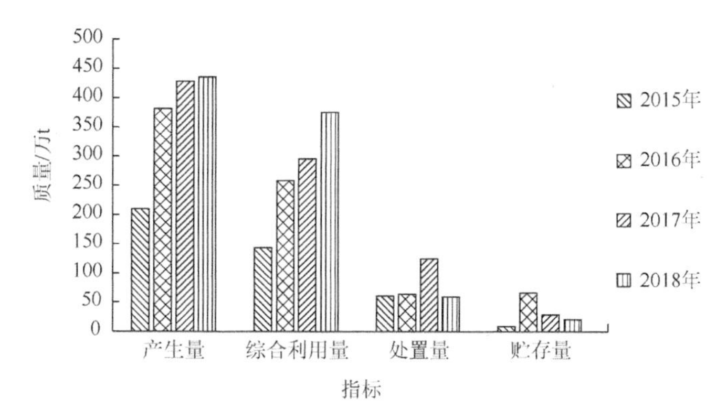

图 3-5　2015～2018 年广西危险废物排放状况

2015～2018 年广西危险废物综合利用率得到了较大提高（图 3-6），特别是 2018 年，从 2015 年的平均综合利用率 69.1%提升到 86.1%，较一般工业固体废物的平均综合利用率高 31.3 个百分点；2015～2018 年处置率在 13.6%～29.1%，2016 年、2018 年较低，2015 年、2017 年均为 29.1%；2015～2018 年贮存率除 2016 年为 17.2%外，其他 3 年在 4.1%～6.7%，稳中有降，2018 年为 4.8%，2016 年以来实现两连降，较一般工业固体废物平均贮存率低 30.0 个百分点。

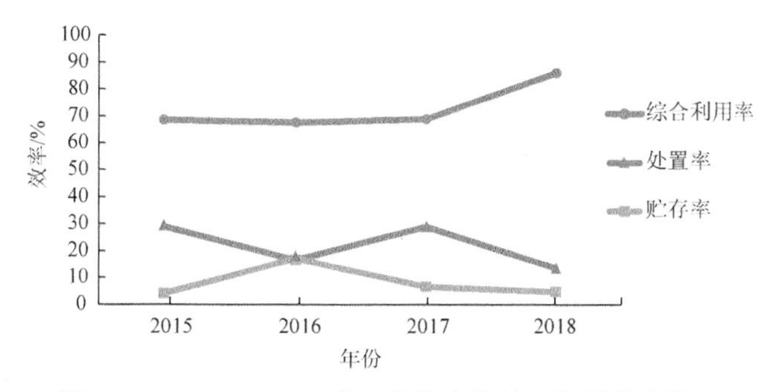

图 3-6　2015～2018 年广西危险废物处理处置能力状况

3.2 大气环境质量状况分析

3.2.1 监测概况及评价方法

广西城市大气环境质量监测范围为 14 个设区市共计 50 个国控空气质量自动监测点位，监测项目为二氧化硫（SO_2）、二氧化氮（NO_2）、可吸入颗粒物（PM_{10}）、细颗粒物（$PM_{2.5}$）、一氧化碳（CO）和臭氧（O_3），监测时间为每日 24h 连续监测。按照《环境空气质量标准》（GB 3095—2012）、《环境空气质量指数（AQI）技术规定（试行）》（HJ 633—2012）和《环境空气质量评价技术规范（试行）》（HJ 663—2013）等标准评价环境空气质量。

3.2.2 2018 年大气环境质量状况分析

1. 达标评价

2018 年，广西 SO_2、NO_2、PM_{10}、$PM_{2.5}$、CO 和 O_3 6 项污染物年均浓度均达标，环境空气质量首次达标。其中，南宁、北海、防城港、钦州、河池和崇左 6 个设区市环境空气质量达标，占 42.9%；其他 8 个设区市不达标，占 57.1%，环境空气质量不达标的原因为 $PM_{2.5}$ 年均浓度超标。

2. 优良天数比例

2018 年广西环境空气质量优良天数比例为 91.6%，其中优占 44.7%、良占 47.0%、轻度污染占 7.3%、中度污染占 0.8%、重度污染占 0.2%、严重污染占 0.04%（图 3-7）。与 2017 年相比，广西环境空气质量优良天数比例上升 3.1 个百分点。

3. 首要污染物

2018 年，14 个设区市超标天数中以 $PM_{2.5}$ 为首要污染物的天数最多，占超标天数的 70.6%；其次是 O_3，占超标天数的 27.3%；以 PM_{10} 为首要污染物的天数占超标天数的 1.6%；以 NO_2 为首要污染物的天数占超标天数的 0.5%；以 SO_2 和 CO 为首要污染物的超标天数占比为 0（图 3-8）。重度及以上级别污染天气中，首要污染物均为 $PM_{2.5}$。

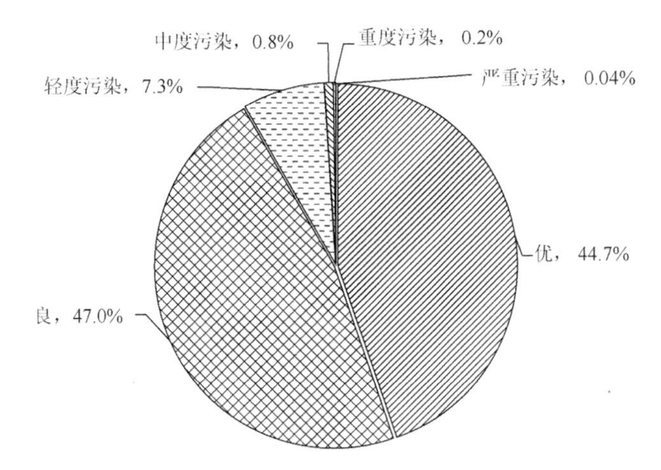

图 3-7　2018 年广西城市环境空气质量指数级别比例

资料来源：2018 年广西壮族自治区生态环境状况公报

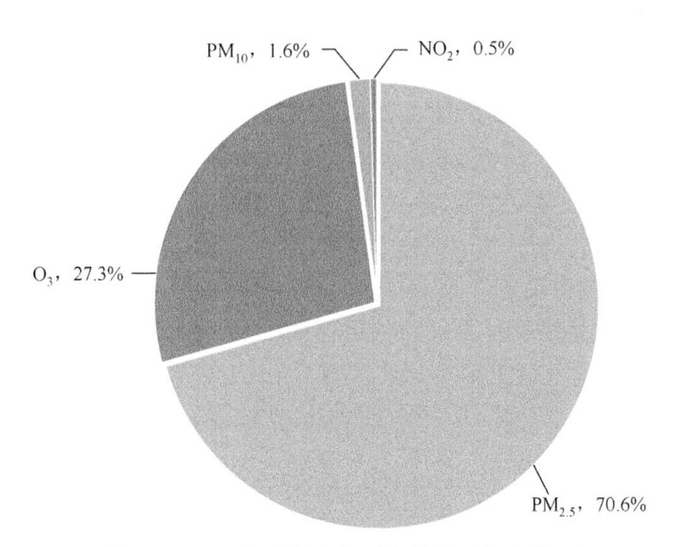

图 3-8　2018 年广西超标天数首要污染物比例

4. 环境空气质量综合指数①

2018 年，广西平均环境空气质量综合指数为 3.74，与 2017 年相比下降 0.14%，广西环境空气质量整体改善。南宁、北海、防城港和崇左 4 个设区市环境空气质量综合指数上升，其他 10 个设区市下降。14 个设区市按照环境空气质量综合指数从好到差排名（图 3-9），环境空气质量排名前三位的设区市分别是北海、防城港和崇左，排名后三位的设区市分别是玉林、柳州和来宾。

① 环境空气质量综合指数越小，表明空气越好。

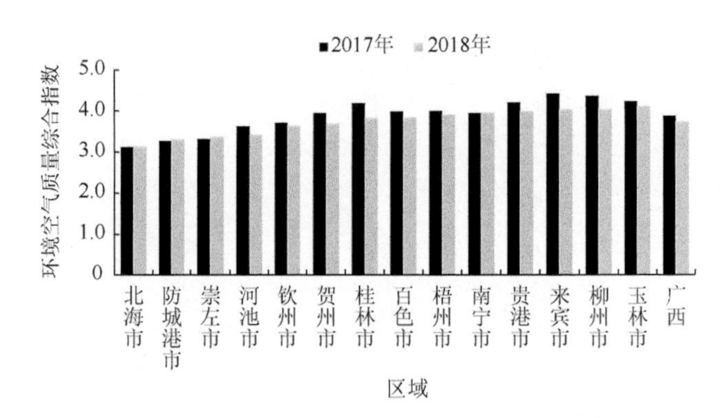

图 3-9　2017 年与 2018 年广西环境空气质量综合指数对比

5. *主要污染物*

（1）可吸入颗粒物（PM_{10}）

2018 年广西 PM_{10} 年均浓度为 57μg/m^3，与 2017 年相比下降 1.7%。按照 PM_{10} 年平均二级浓度限值（70μg/m^3）评价，广西 PM_{10} 年均浓度达标城市比例为 100%。按照 PM_{10} 日平均二级浓度限值（150μg/m^3）评价，14 个设区市 PM_{10} 日均浓度的达标率范围为 95.5%～99.7%，广西平均达标率为 98.6%。

（2）细颗粒物（$PM_{2.5}$）

2018 年广西 $PM_{2.5}$ 年均浓度为 35μg/m^3，与 2017 年相比下降 7.9%。按照 $PM_{2.5}$ 年平均二级浓度限值（35μg/m^3）评价，北海、防城港、河池、崇左、钦州和南宁 6 个设区市达标，广西 $PM_{2.5}$ 年均浓度达标城市比例为 42.9%。按照 $PM_{2.5}$ 日平均二级浓度限值（75μg/m^3）评价，14 个设区市 $PM_{2.5}$ 日均浓度的达标率范围为 89.3%～97.5%，广西平均达标率为 93.9%。

（3）臭氧（O_3）

2018 年广西 O_3 日最大 8h 平均第 90 百分位数浓度为 128μg/m^3，与 2017 年相比持平。按照 O_3 日最大 8h 平均二级浓度限值（160μg/m^3）评价，广西 O_3 日最大 8h 平均第 90 百分位数浓度达标城市比例为 100%，14 个设区市 O_3 日最大 8h 平均浓度的达标率范围为 95.1%～100%，广西平均达标率为 97.7%。

（4）二氧化硫（SO_2）

2018 年广西 SO_2 年均浓度为 13μg/m^3，与 2017 年相比下降 7.1%。按照 SO_2 年平均二级浓度限值（60μg/m^3）评价，广西 SO_2 年均浓度达标城市比例为 100%。按照 SO_2 日平均二级浓度限值（150μg/m^3）评价，14 个设区市达标率均为 100%，广西平均达标率为 100%。

（5）二氧化氮（NO_2）

2018 年广西 NO_2 年均浓度为 22μg/m^3，与 2017 年相比下降 4.3%。按照

NO_2 年平均二级浓度限值（40μg/m^3）评价，广西 NO_2 年均浓度达标城市比例为 100%。按照 NO_2 日平均二级浓度限值（80μg/m^3）评价，除南宁市达标率为 99.5%外，其他 13 个设区市达标率均为 100%，广西平均达标率为 100%。

（6）一氧化碳（CO）

2018 年广西 CO 24h 平均第 95 百分位数浓度为 1.4mg/m^3，与 2017 年相比持平。按照 CO 24h 平均浓度二级浓度限值（4mg/m^3）评价，广西 CO 24h 平均第 95 百分位数浓度达标城市比例为 100%，CO 24h 平均浓度达标率为 100%。

3.2.3　2015～2018 年大气环境质量变化趋势分析

1. 环境空气质量级别变化趋势

2015～2018 年，广西城市环境空气质量达到国家二级标准的城市比例范围为 14.3%～42.9%。广西城市环境空气质量达标城市比例呈上升趋势，从 2015 年的 14.3%上升至 2018 年的 42.9%，升高 28.6 个百分点。除南宁市 2015 年超标污染物为 PM_{10}、$PM_{2.5}$ 外，其他设区市超标污染物均为 $PM_{2.5}$。

2. 优良天数比例

2015～2018 年，广西城市环境空气质量优良天数比例范围为 88.5%～93.5%，其中 2016 年优良天数比例最高，为 93.5%；最低的是 2015 年和 2017 年，均为 88.5%。与 2015 年相比，2018 年广西优良天数比例上升 3.1 个百分点，总体呈上升趋势，见图 3-10。

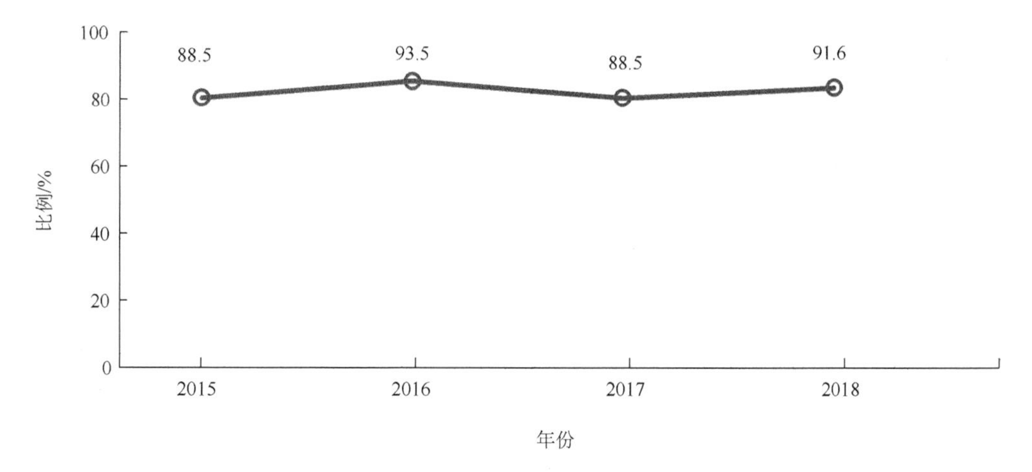

图 3-10　2015～2018 年广西城市环境空气质量优良天数比例变化趋势

2015～2018 年，广西环境空气质量指数各级别天数占比如下：优的天数占比范围为 41.9%～46.6%，总体呈上升趋势；良的天数占比范围为 41.9%～49.1%，总体呈上升趋势；轻度污染天数占比范围为 5.6%～9.9%，总体呈下降趋势；中度污染天数占比范围为 0.7%～2.2%，总体呈下降趋势；重度污染天数占比范围为 0.2%～0.6%，总体呈下降趋势；严重污染天数占比范围为 0.02%～0.04%，总体呈上升趋势。

与 2015 年相比，2018 年优的天数占比上升 2.8 个百分点，良的天数占比上升 0.4 个百分点，轻度污染天数占比下降 1.3 个百分点，中度污染天数占比下降 1.4 个百分点，重度污染天数占比下降 0.4 个百分点，严重污染天数占比上升 0.02 个百分点，见图 3-11。

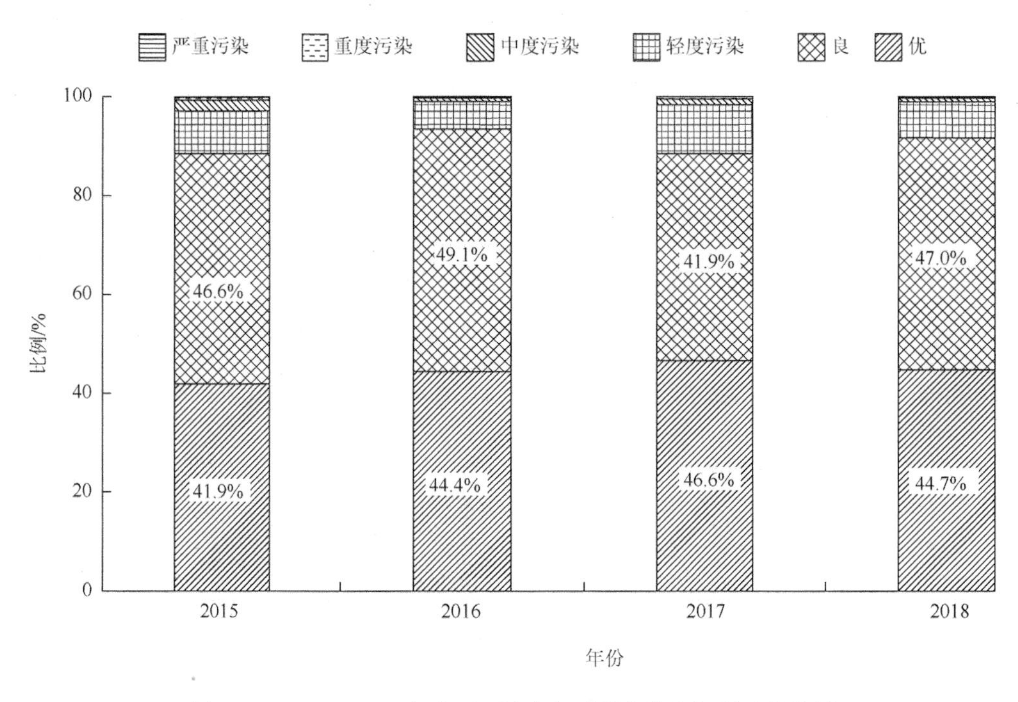

图 3-11　2015～2018 年广西环境空气质量指数各级别天数比例

3. 环境空气质量综合指数

2015～2018 年，广西城市环境空气质量综合指数范围为 3.74～4.06，其中 2016 年环境空气质量综合指数有所下降，2017 年略有回升，2018 年略有下降。广西城市环境空气质量综合指数从 2015 年的 4.06 下降到 2018 年的 3.74，下降了 0.32，总体呈下降趋势，表明 2015 年以来广西城市环境空气质量整体得到改善，2018 年是四年中空气质量最好的一年，见图 3-12。

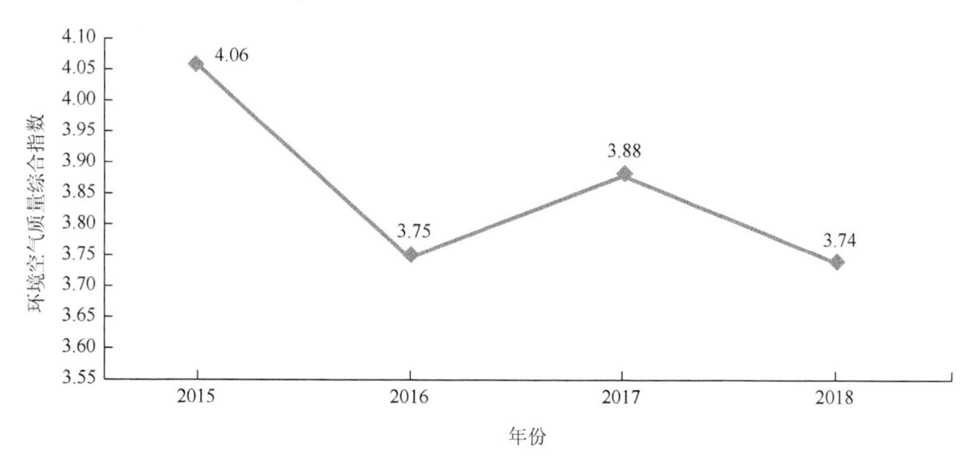

图 3-12　2015～2018 年广西城市环境空气质量综合指数变化趋势

4. 主要污染物

2015～2018 年广西主要污染物浓度变化趋势如图 3-13 所示。

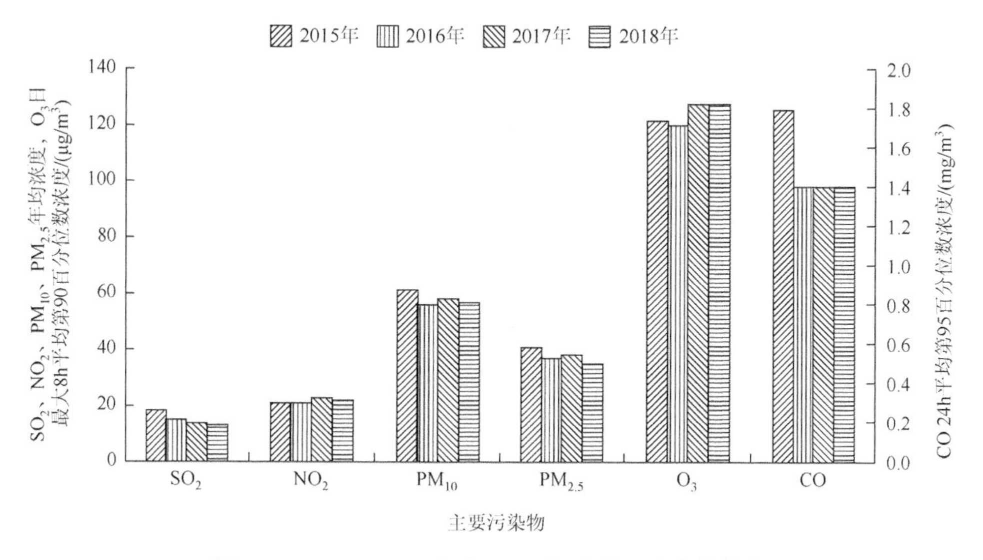

图 3-13　2015～2018 年广西主要污染物浓度变化趋势

（1）二氧化硫（SO_2）

2015～2018 年，广西 SO_2 年均浓度范围为 13～18μg/m^3，最小值出现在 2018 年，为 13μg/m^3；最大值出现在 2015 年，为 18μg/m^3。与 2015 年相比，2018 年广西 SO_2 年均浓度下降 27.8%。广西 SO_2 年均浓度呈逐年下降趋势，下降趋势较明显。

（2）二氧化氮（NO_2）

2015～2018 年，广西 NO_2 年均浓度范围为 21～23μg/m^3，最小值出现在 2015 年和 2016 年，为 21μg/m^3；最大值出现在 2017 年，为 23μg/m^3。与 2015 年相比，2018 年广西 NO_2 年均浓度上升 4.8%。广西 NO_2 年均浓度总体呈波动略有上升趋势。

（3）可吸入颗粒物（PM_{10}）

2015～2018 年，广西 PM_{10} 年均浓度范围为 56～61μg/m^3，最小值出现在 2016 年，为 56μg/m^3；最大值出现在 2015 年，为 61μg/m^3。与 2015 年相比，2018 年广西 PM_{10} 年均浓度下降 6.6%，广西 PM_{10} 年均浓度总体呈下降趋势，下降趋势较明显。

（4）细颗粒物（$PM_{2.5}$）

2015～2018 年，广西 $PM_{2.5}$ 年均浓度范围为 35～41μg/m^3，最小值出现在 2018 年，为 35μg/m^3；最大值出现在 2015 年，为 41μg/m^3。与 2015 年相比，2018 年广西 $PM_{2.5}$ 年均浓度下降 14.6%。广西 $PM_{2.5}$ 年均浓度总体呈下降趋势，下降幅度较大。

（5）臭氧（O_3）

2015～2018 年，广西 O_3 日最大 8h 平均第 90 百分位数浓度范围为 120～128μg/m^3，最小值出现在 2016 年，为 120μg/m^3；最大值出现在 2017 年和 2018 年，均为 128μg/m^3。与 2015 年相比，2018 年广西 O_3 日最大 8h 平均第 90 百分位数浓度上升 4.9%，广西 O_3 日最大 8h 平均第 90 百分位数浓度总体呈上升趋势。

（6）一氧化碳（CO）

2015～2018 年，广西 CO 24h 平均第 95 百分位数浓度范围为 1.4～1.8mg/m^3，最大值出现在 2015 年，为 1.8mg/m^3；2016～2018 年均为 1.4mg/m^3。与 2015 年相比，2018 年广西 CO 24h 平均第 95 百分位数浓度下降 22.2%，广西 CO 24h 平均第 95 百分位数浓度总体呈下降趋势。

5. 首要污染物

2015～2018 年，广西超标天数的首要污染物以 $PM_{2.5}$ 为主，占超标天数的 70.6%～86.3%；其次是 O_3，占超标天数的 12.5%～27.3%；以 PM_{10} 为首要污染物的天数占总超标天数的 0.5%～1.6%；未出现以 CO 为首要污染物的超标天数。2015～2018 年，广西呈现以 $PM_{2.5}$ 为首要污染物的超标天数占比逐年下降，以 O_3 为首要污染物的超标天数占比逐年上升趋势，与 2015 年相比，2018 年以 $PM_{2.5}$ 为首要污染物的超标天数占比下降 15.7 个百分点，以 O_3 为首要污染物的超标天数占比上升 14.8 个百分点，O_3 污染对广西城市环境空气质量的影响日益明显，见图 3-14。

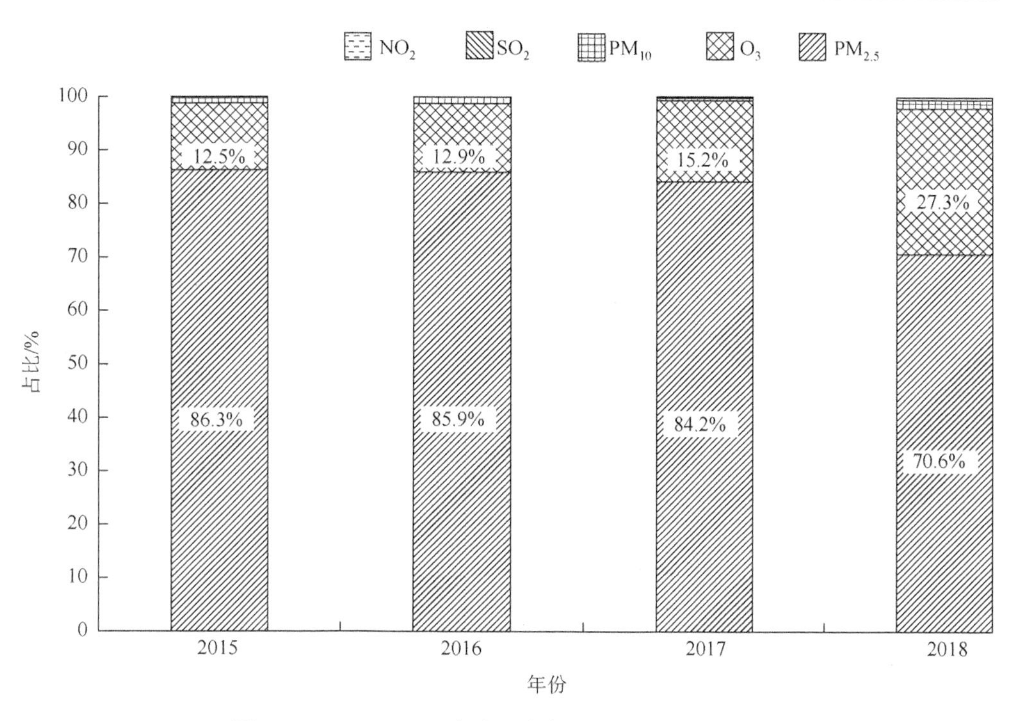

图 3-14　2015～2018 年广西超标天数首要污染物占比

3.2.4　大气环境质量问题

1. $PM_{2.5}$ 仍是广西大气污染防治的重点

从 2015～2018 年广西 $PM_{2.5}$ 浓度月变化趋势可以看出，$PM_{2.5}$ 浓度变化具有明显的时间规律性，秋冬季空气污染较重，$PM_{2.5}$ 浓度较高；春夏季空气质量较好，$PM_{2.5}$ 浓度较低，季节变化明显。广西 $PM_{2.5}$ 浓度一般在每年 1～4 月和 10～12 月超过 $PM_{2.5}$ 年平均二级浓度限值，1 月或 2 月达到最高浓度；5～9 月达标，6 月或 7 月达到最低浓度。广西 $PM_{2.5}$ 月度浓度波动大，总体呈波动缓慢下降趋势，$PM_{2.5}$ 月度浓度峰值下降，2018 年月度浓度峰值比 2015 年下降 18.7%（图 3-15）。广西超标天数中以 $PM_{2.5}$ 为首要污染物的天数占总超标天数的 70% 以上，重度及以上级别污染天气首要污染物均为 $PM_{2.5}$，因此 $PM_{2.5}$ 仍然是广西大气污染防治的重点。

从 2015～2018 年广西 $PM_{2.5}$ 年均浓度状况可以看出，2015 年广西 $PM_{2.5}$ 浓度高值区分布在桂北的桂林，桂中的柳州、来宾及桂西的河池；2016 年 $PM_{2.5}$ 浓度高值区浓度稍微降低，主要分布在桂北的桂林；2017 年高值区往南移，出现在来宾和柳州；2018 年 $PM_{2.5}$ 浓度水平明显降低，高值区分布在桂中到桂东南，四年来沿海城市 $PM_{2.5}$ 浓度都维持在较低水平，是广西 $PM_{2.5}$ 浓度最低区域。整体上看，2015 年和 2017 年广西 $PM_{2.5}$ 浓度相对较高，2016 年和 2018 年浓度相对较低，广西 $PM_{2.5}$ 浓度整体下降，桂北、桂西的 $PM_{2.5}$ 浓度下降显著，高值区由桂北逐步转向桂中、桂东南（图 3-16）。

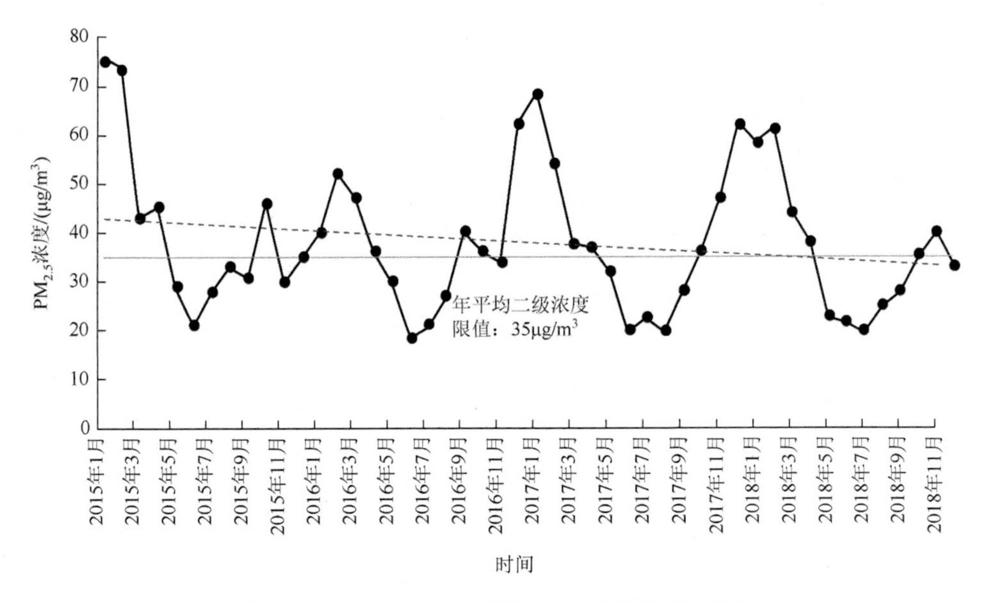

图 3-15　2015～2018 年广西 $PM_{2.5}$ 浓度月变化趋势

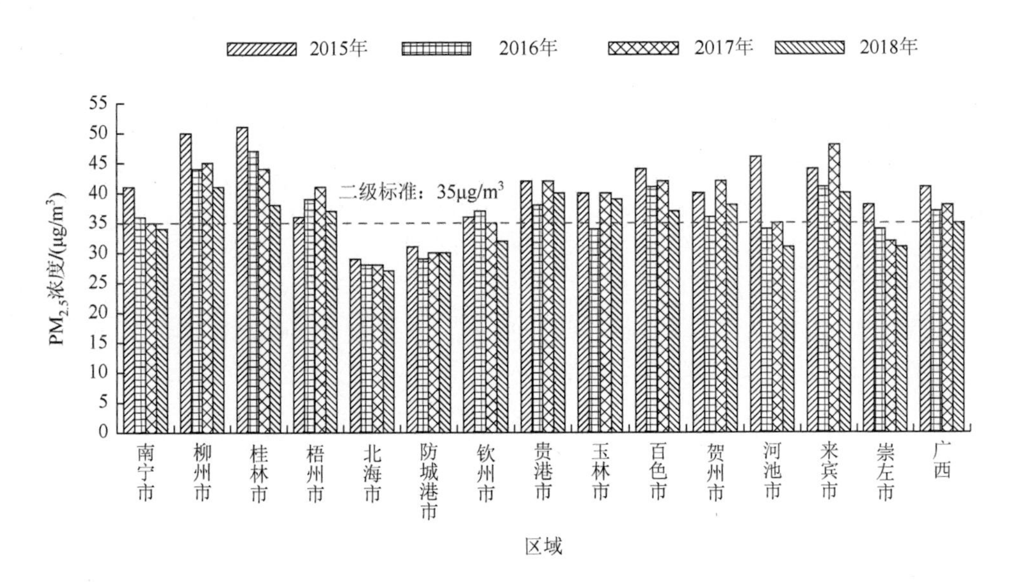

图 3-16　2015～2018 年广西 $PM_{2.5}$ 年均浓度状况

2. O_3污染日益凸显

近年来，全国 O_3 污染逐步显现。2017 年，全国 338 个地级及以上城市大气污染超标天数中，以 O_3 为首要污染物的占 33.4%，超标天数主要分布在每年 5～10 月，109 个城市 O_3 浓度超过国家二级标准。2013～2018 年，我国 O_3 浓度整体上升，2018 年，京津冀、长三角和珠三角三大重点区域 O_3 浓度分别同比上升 19.8%、9.1%和 5.1%，影响区域范围不断扩展，O_3 污染已经成为影响我国重点区域、重点城市夏季环境空气质量的重要因素。广西 O_3 污染程度虽低于全国平均标准和三大重点区域，但是也呈同步加重趋势。

从 2015～2018 年广西 O_3 月度超标率来看，几乎每个月均会出现 O_3 超标情况，大部分 O_3 超标为轻度污染（图 3-17）。广西 O_3 超标时间主要分布在每年 4～5 月和 8～11 月，个别月份 O_3 浓度出现大幅升高和超过二级标准的特征，如 2017 年 10 月 O_3 浓度在全国排名第三，2018 年 3 月 O_3 浓度同比涨幅全国排名第一，2018 年 10 月 O_3 浓度高达 163μg/m^3。广西 O_3 月度超标率整体呈逐年加重趋势，2018 年 10 月达 13.4%，是近年来广西 O_3 污染最严重的月份。广西 O_3 污染具有明显的时间区域特征规律，出现 O_3 污染的季节主要为夏秋季，其天气受西南热带低压影响、台风外围影响、副热带高压控制和冷高压脊变性控制。3～4 月污染区域以桂西南和沿海城市为主，5～6 月以桂东南和沿海为主，8～11 月以桂北、沿海和桂中为主。

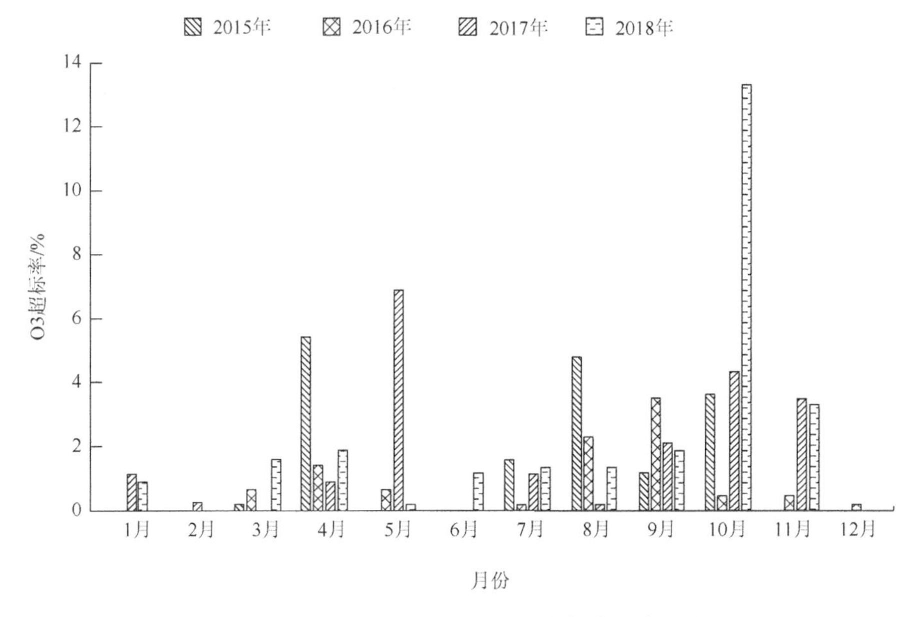

图 3-17　2015～2018 年广西 O_3 超标率月度分布

从 2015～2018 年广西 O_3 浓度日变化曲线看，广西 O_3 浓度日变化呈现单峰型分布，日变化规律基本一致；8 时 O_3 浓度下降至一天的最低值，9 时后开始大幅升高，一般在 14～16 时达到一天中的最大峰值，此后 O_3 浓度逐渐下降。从 O_3 浓度日变化情况看，O_3 峰值浓度呈逐年上升趋势，2018 年的 O_3 小时峰值浓度最高，且 O_3 达峰值浓度时间延后，O_3 浓度处于高值区时间延长，从 13 时至 18 时 O_3 仍处于较高浓度，O_3 浓度下降缓慢（图 3-18）。

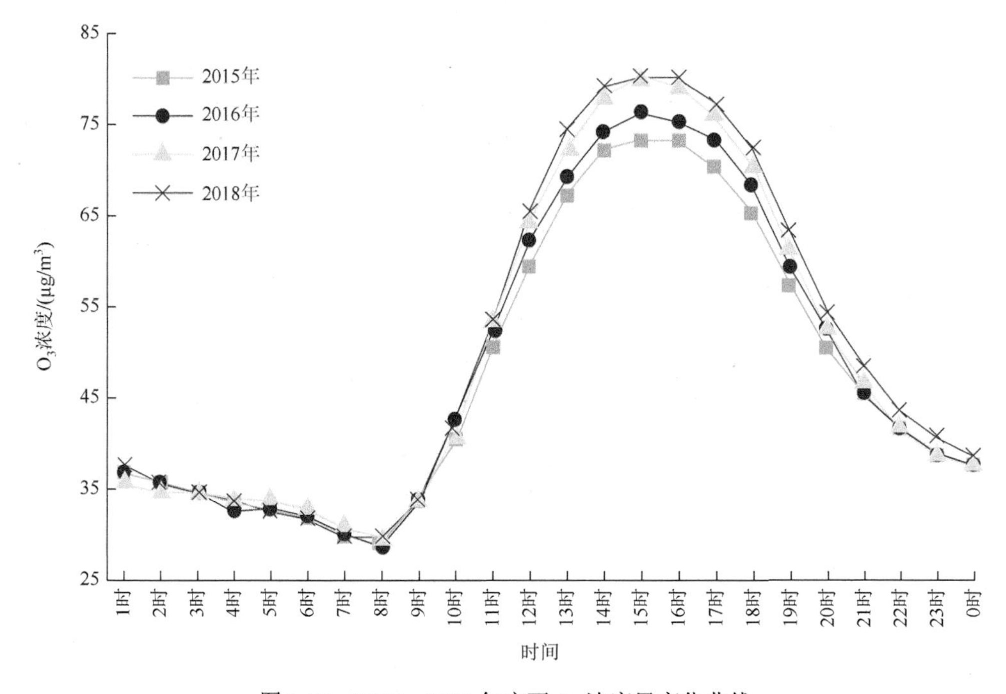

图 3-18　2015～2018 年广西 O_3 浓度日变化曲线

从 2015～2018 年广西 O_3 浓度状况可以看出，2015～2016 年广西 O_3 浓度整体呈上升趋势，高值区主要分布在桂北、桂西和桂南的个别城市；自 2017 年开始，广西 O_3 污染区域主要分布在沿海三市、桂北、桂中和桂东地区，其中贵港、桂林、北海、玉林和来宾 O_3 浓度相对较高，见图 3-19。广西 O_3 浓度整体上升，以 O_3 为首要污染物的超标天数逐年上升，O_3 污染呈现峰值上升、持续时间延长、范围扩大的区域性污染，O_3 污染已经成为影响广西城市夏秋季环境空气质量的最主要因素。

3. 大气环境质量相关性分析

（1）相关关系分析

判断变量之间是否有显著相关关系，首先看显著性值，也就是 P 值，它的作

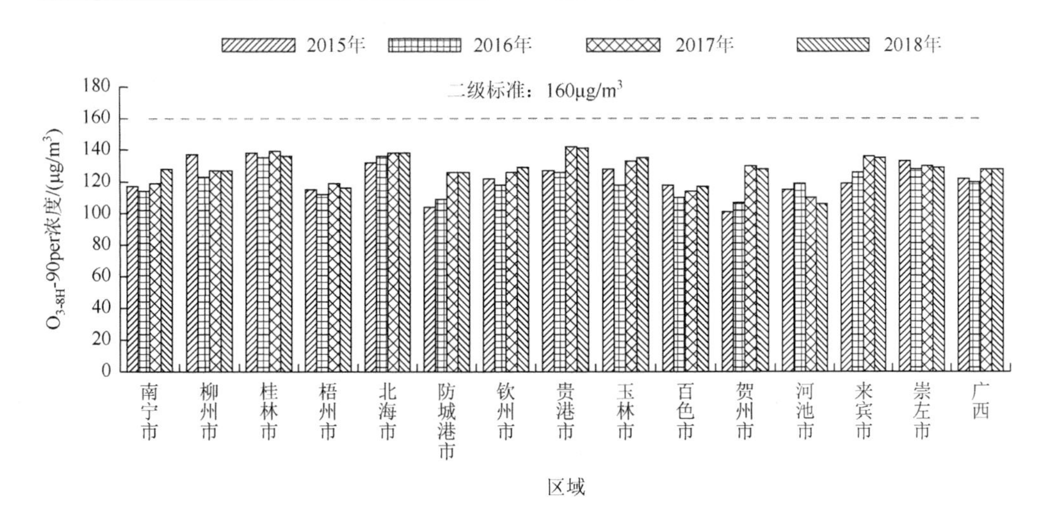

图 3-19　2015～2018 年广西 O_3 浓度状况

用是判断 R 值（即相关系数）有没有统计学意义，判定标准一般为 0.05。如果 P 值＜0.05，那么就表明两者之间有相关性；然后再看 R 值，相关系数 R 越大，表明两变量之间的相关性越强，该要素对空气质量某指标状况的影响越大；反之则相关性越弱，对空气质量某指标状况的影响越小。相关系数的计算公式如下

$$R_{xy}=\frac{\sum_{i=1}^{n}(x_i-\overline{x})(y_i-\overline{y})}{\sqrt{\sum_{i=1}^{n}(x_i-\overline{x})^2}\sqrt{\sum_{i=1}^{n}(y_i-\overline{y})^2}}$$

其中，R_{xy} 为变量 x 和变量 y 的相关系数；n 为总年数；i 为年数，$i=1,2,3,\cdots,n$；x_i 与 y_i 为第 i 年的影响因子的值，$\overline{x}$ 为变量 x 的均值，$\overline{y}$ 为变量 y 的均值。

2015～2018 年广西国民经济和社会发展部分指标，以及 6 项大气污染物浓度、环境空气质量综合指数、优良天数比例，共 16 项指标，每项指标包括 2015～2018 年 4 个样本值（其中缺少 2018 年的能源生产总量和能源消费总量 2 个样本值，2015～2018 年的 SO_2、氮氧化物、烟粉尘排放总量含移动源排放），共计 62 个样本值。2015～2018 年，广西总人口数量呈增长趋势，生产总值呈增长趋势，工业废气排放总量先减后增，但总体呈减少趋势，SO_2 排放总量和烟粉尘排放总量逐年减少，氮氧化物排放总量总体呈减少趋势（表 3-14）。

使用 SPSS 软件进行双变量相关分析，选用皮尔逊（Pearson）相关系数和双侧检验方法，对广西总人口数量、生产总值、工业废气排放总量、SO_2 排放总量、

表 3-14　2015～2018 年广西空气质量数据及相关统计数据

年份	总人口数量/万人	生产总值/亿元	工业废气排放总量/亿 m^3	SO_2 排放总量/万 t	氮氧化物排放总量/万 t	烟粉尘排放总量/万 t	能源生产总量/万吨标准煤	能源消费总量/万吨标准煤	SO_2 浓度/($\mu g/m^3$)	NO_2 浓度/($\mu g/m^3$)	PM_{10} 浓度/($\mu g/m^3$)	CO 浓度/(mg/m^3)	O_3 浓度/($\mu g/m^3$)	$PM_{2.5}$ 浓度/($\mu g/m^3$)	环境空气质量综合指数	优良天数比例/%
2015	5 518	16 870.04	16 773.28	42.12	37.34	35.59	3 274.39	9 760.65	18	21	61	1.8	122	41	4.06	88.5
2016	5 579	18 318.64	13 481.03	20.11	30.29	26.19	3 147.49	10 092.36	15	21	56	1.4	120	37	3.75	93.5
2017	5 600	20 396.25	14 158.00	17.73	34.56	20.91	3 255.17	10 458.46	14	23	58	1.4	128	38	3.88	88.5
2018	5 659	20 352.51	16 009.85	13.58	33.07	17.68	—	—	13	22	57	1.4	128	35	3.74	91.6

注：—表示缺值。

表 3-15　广西空气质量各项指标与国民经济及社会发展部分指标相关系数

指标	总人口数量		生产总值		工业废气排放总量		SO_2 排放总量		氮氧化物排放总量		烟粉尘排放总量	
	R	*P*	*R*	*P*	*R*	*P*	*R*	*P*	*R*	*P*	*R*	*P*
SO_2 浓度	−1.000**	0.004	−0.927	0.244	0.414	0.586	0.984*	0.016	0.594	0.406	0.995**	0.005
NO_2 浓度	0.698	0.508	0.913	0.268	−0.224	0.776	−0.575	0.425	0.088	0.912	−0.702	0.298
PM_{10} 浓度	−0.791	0.419	−0.510	0.659	0.735	0.265	0.876	0.124	0.964*	0.036	0.724	0.276
CO 浓度	−0.969	0.159	−0.810	0.399	0.721	0.279	0.977*	0.023	0.799	0.201	0.894	0.106
O_3 浓度	0.506	0.663	0.788	0.422	0.157	0.843	−0.545	0.455	0.194	0.806	−0.741	0.259
$PM_{2.5}$ 浓度	−0.882	0.313	−0.646	0.553	0.338	0.662	0.928	0.072	0.740	0.260	0.896	0.104
环境空气质量综合指数	−0.778	0.433	−0.491	0.673	0.557	0.443	0.903	0.097	0.908	0.092	0.794	0.206
优良天数比例	0.271	0.825	−0.103	0.934	−0.467	0.533	−0.495	0.505	−0.917	0.083	−0.302	0.698

*表示在 0.05 水平（双侧）上显著相关，**表示在 0.01 水平（双侧）上显著相关。

氮氧化物排放总量、烟粉尘排放总量分别与大气 6 项污染物浓度、环境空气质量综合指数、优良天数比例进行相关性分析。

从表 3-15 的相关系数（R）与显著性（P）判断，环境空气中 SO_2 浓度与总人口数量呈显著负相关（$R = -1.000$，$P < 0.05$），与 SO_2 排放总量呈显著正相关（$R = 0.984$，$P < 0.05$），与烟粉尘排放总量呈显著正相关（$R = 0.995$，$P < 0.01$），与其他各项无显著相关性（$P > 0.05$）。环境空气中 NO_2 浓度与氮氧化物排放总量呈不显著正相关；PM_{10}、$PM_{2.5}$ 浓度与 SO_2 排放总量、氮氧化物排放总量、烟粉尘排放量呈正相关；CO 浓度与 SO_2 排放总量呈显著正相关（$R = 0.977$，$P < 0.05$）；其他指标相关性不明显。

（2）变化趋势关系分析

2015～2018 年，广西工业废气排放总量先减后增，总体呈降低趋势。2016 年广西工业废气排放总量比 2015 年减少 3292.25 亿 m^3；2017 年比 2016 年增加 676.97 亿 m^3；2018 年比 2017 年增加 1851.85 亿 m^3，比 2015 年减少 763.43 亿 m^3。2015～2017 年，广西工业废气排放总量变化趋势与大气中 PM_{10}、$PM_{2.5}$ 的变化趋势较一致，这说明工业废气排放量对大气中的 PM_{10}、$PM_{2.5}$ 浓度变化存在一定的影响。而 SO_2 浓度呈逐年降低趋势，NO_2 浓度总体基本持平，从折线变化趋势图来看，工业废气排放总量对 SO_2、NO_2 浓度的变化影响不明显（图 3-20）。

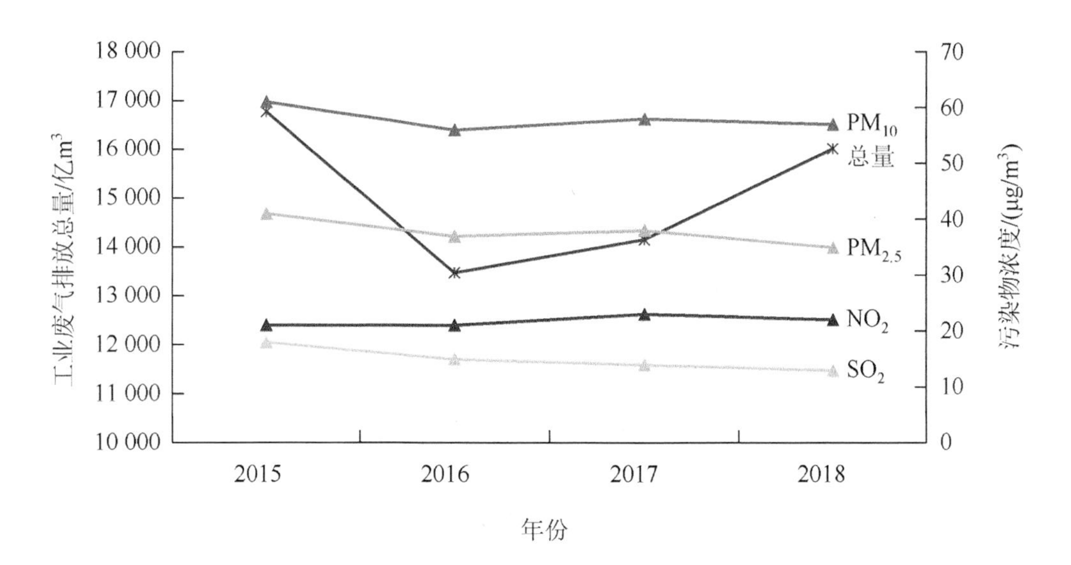

图 3-20　2015～2018 年广西工业废气排放总量与大气 4 项污染物浓度变化趋势对比

2015～2018 年，广西 SO_2 排放总量由 42.12 万 t 减少至 13.58 万 t，减少 67.8%，

呈逐年降低趋势；SO_2 浓度由 18μg/m^3 下降至 13μg/m^3，下降 27.8%，呈逐年降低趋势。这与 SO_2 排放总量的变化趋势存在较好的耦合性，说明 SO_2 排放量对 SO_2 浓度变化影响明显（图 3-21）。

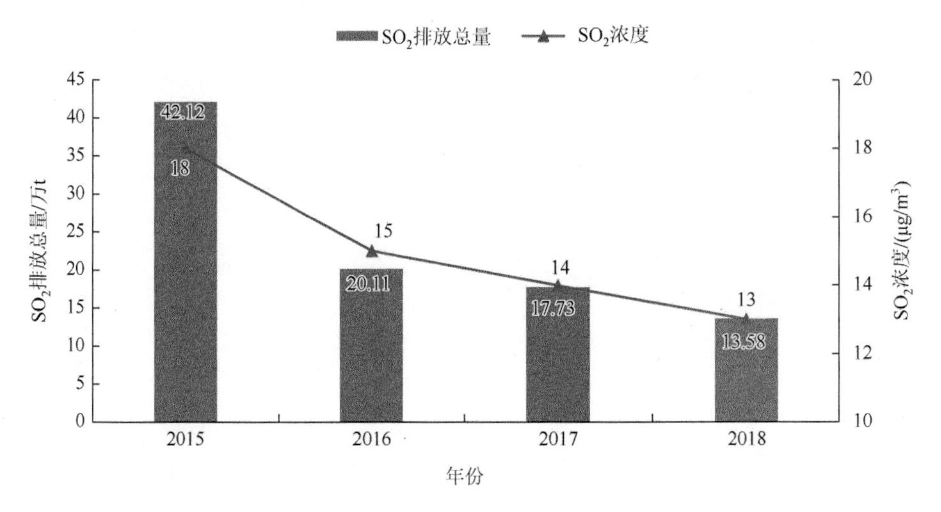

图 3-21　2015～2018 年广西 SO_2 排放总量与 SO_2 浓度变化对比

2015～2018 年，广西氮氧化物排放总量由 37.34 万 t 减少至 33.07 万 t，减少 11.4%，总体呈波动减少趋势。2016～2018 年，广西氮氧化物排放总量变化趋势与 NO_2 浓度变化趋势一致，2017 年广西 NO_2 浓度随着氮氧化物排放总量的增加而升高，2018 年 NO_2 浓度随着氮氧化物排放总量的减少而下降，说明氮氧化物排放总量对 NO_2 浓度的变化影响明显（图 3-22）。

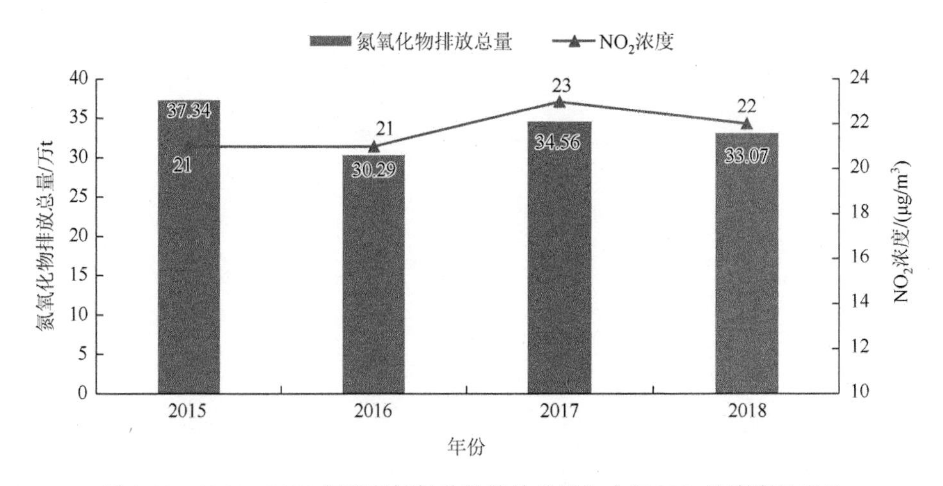

图 3-22　2015～2018 年广西氮氧化物排放总量与大气 NO_2 浓度变化对比

2015～2018 年，广西烟粉尘排放总量由 35.59 万 t 减少至 17.68 万 t，减少 50.3%，呈逐年降低趋势；PM_{10} 浓度由 61μg/m^3 下降至 57μg/m^3，下降 6.6%；$PM_{2.5}$ 浓度由 41μg/m^3 下降至 35μg/m^3，下降 14.6%。PM_{10}、$PM_{2.5}$ 浓度变化趋势与烟粉尘排放总量的变化趋势存在较好的耦合性，说明烟粉尘排放量对 PM_{10}、$PM_{2.5}$ 浓度变化影响明显（图 3-23）。

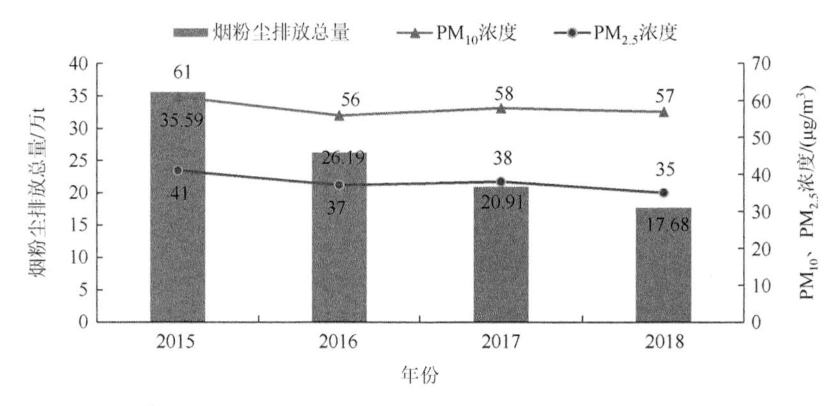

图 3-23　2015～2018 年广西烟粉尘排放总量与 PM_{10}、$PM_{2.5}$ 浓度变化对比

2015～2018 年，O_3 浓度先减后增，总体呈上升趋势。其中，2015～2017 年 O_3 浓度变化趋势与工业废气排放总量变化趋势存在一定的耦合性，这说明工业废气排放总量对 O_3 浓度存在一定的影响，结合相关系数分析，影响不显著，也可能存在目前我们所监控的工业废气种类不齐全的原因，如对 O_3 生成影响大的挥发性有机物尚未在监控名单中。CO 浓度总体呈下降趋势，其中 2016～2018 年 CO 浓度持平，从变化趋势来看，工业废气排放总量对 CO 浓度变化影响不明显。

3.3　地表水环境质量状况分析

3.3.1　2018 年地表水环境质量状况分析

1. 河流断面水质评价

2018 年广西 51 条主要河流 97 个断面中，Ⅰ～Ⅲ类水质断面 90 个，水质优良比例为 92.8%，比 2017 年上升 2.1 个百分点。7 个断面超过地表水Ⅲ类标准，占断面总数的 7.2%，其中Ⅳ～Ⅴ类水质断面比例为 6.2%，劣Ⅴ类断面比例为 1.0%（图 3-24）。7 个断面中，南流江南域、江口大桥、六司桥、横塘断面，以及白沙河高速公路桥断面和钦江钦江东断面均为总磷超标，钦江高速公路西桥断面为氨氮和总磷超标（表 3-16）。

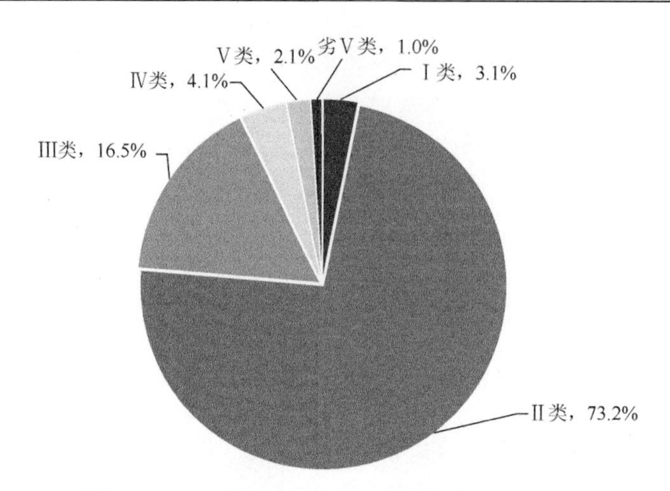

图 3-24　2018 年广西主要河流断面水质类别比例

表 3-16　2018 年广西主要河流断面水质超标情况

水系	河流名称	断面名称	水质类别	水质评价	主要污染项目（超标倍数）
独流入海水系	南流江	南域	Ⅳ类	轻度污染	总磷（0.1）
	南流江	江口大桥	劣V类	重度污染	总磷（1.1）
	白沙河	高速公路桥	Ⅳ类	轻度污染	总磷（0.09）
	钦江	钦江东	Ⅳ类	轻度污染	总磷（0.28）
	钦江	高速公路西桥	V类	中度污染	氨氮（0.82）；总磷（0.77）
	南流江	六司桥	V类	中度污染	总磷（0.67）
	南流江	横塘	Ⅳ类	轻度污染	总磷（0.49）

97 个断面中有 75 个断面属于珠江水系，分布于西江干流、柳江支流、桂江支流、郁江支流，2 个断面属于长江水系，20 个断面属于独流入海水系。珠江水系与长江水系水质状况总体均为“优”，独流入海水系水质状况总体为“轻度污染”（表 3-17）。

表 3-17　2018 年广西主要河流水系断面达标及水质状况

水系		断面数	水质类别						水质状况
			Ⅰ类	Ⅱ类	Ⅲ类	Ⅳ类	V类	劣V类	
珠江水系	西江干流	22	0	21	1	0	0	0	优
	柳江支流	18	0	18	0	0	0	0	优
	桂江支流	9	1	7	1	0	0	0	优
	郁江支流	26	2	18	6	0	0	0	优

续表

水系	断面数	水质类别						水质状况
		Ⅰ类	Ⅱ类	Ⅲ类	Ⅳ类	Ⅴ类	劣Ⅴ类	
长江水系	2	0	2	0	0	0	0	优
独流入海水系	20	0	5	8	4	2	1	轻度污染
合计	97	3	71	16	4	2	1	优

西江干流：整体水质状况为优，10 条河流共布设 22 个断面，其中，Ⅱ类水质断面占 95.5%，Ⅲ类水质断面占 4.5%，无Ⅰ类、Ⅳ～劣Ⅴ类水质断面。与 2017 年相比，整体水质无明显变化。

柳江支流：整体水质状况为优，9 条河流共布设 18 个断面，其中，Ⅱ类水质断面占 100%，无Ⅰ类、Ⅲ～劣Ⅴ类水质断面。与 2017 年相比，整体水质无明显变化。

桂江支流：整体水质状况为优，4 条河流共布设 9 个断面，其中，Ⅰ类水质断面占 11.1%，Ⅱ类水质断面占 77.8%，Ⅲ类水质断面占 11.1%，无Ⅳ～劣Ⅴ类水质断面。与 2017 年相比，整体水质无明显变化。

郁江支流：整体水质状况为优，15 条河流布设 26 个断面，其中，Ⅰ类水质断面占 7.7%，Ⅱ类水质断面占 69.2%，Ⅲ类水质断面占 23.1%，无Ⅳ～劣Ⅴ类水质断面。与 2017 年相比，整体水质无明显变化。

长江水系：整体水质状况为优，2 条河流布设 2 个断面，湘江、资江各 1 个断面，年均水质类别均为Ⅱ类。与 2017 年相比，整体水质无明显变化。

独流入海水系：整体水质状况为轻度污染，11 条河流共布设 20 个断面，其中，无Ⅰ类水质断面，Ⅱ类水质断面占 25.0%，Ⅲ类水质断面占 40.0%，Ⅳ类水质断面占 20.0%，Ⅴ类水质断面占 10.0%，劣Ⅴ类水质断面占 5.0%。与 2017 年相比，整体水质无明显变化。

2. 主要河流水质指数评价

2018 年，广西水质指数相对较高的河流主要有钦江、白沙河、南流江、西门江、九洲江、南康江和大风江，独流入海水系总体水质指数较高（水质指数越高，表明污染越严重）。与 2017 年相比，29 条河流水质指数有所下降，22 条河流水质指数有所上升，其中钦江、白沙河、南流江、西门江、九洲江、南康江等水质指数较高的河流与 2017 年相比均有所下降，表明独流入海水系水污染情况有所减轻（图 3-25）。

3. 广西河流水质的主成分分析评价

此次评价的基础数据是在 2018 年广西 97 个河流监测断面中，选取溶解氧、高锰酸盐指数、生化需氧量、氨氮、石油类、挥发酚、汞、铅、化学需氧量、总磷、铜、锌、氟化物、硒、砷、镉、六价铬、氰化物、阴离子表面活性剂、硫化物这 20 项监测指标作为主成分分析评价指标。主成分分析是将多个变量通过线性变换以选出较少个数重要变量的一种多元统计分析方法，即从原始变量中导出少数几个主成分，使它们尽可能多地保留原始变量的信息，且彼此间互不相关。数学上的处理就是将原来 20 个指标作线性组合，作为新的综合指标，根据各项指标在主成分中的荷载值分析出影响河流水质的主要污染指标。

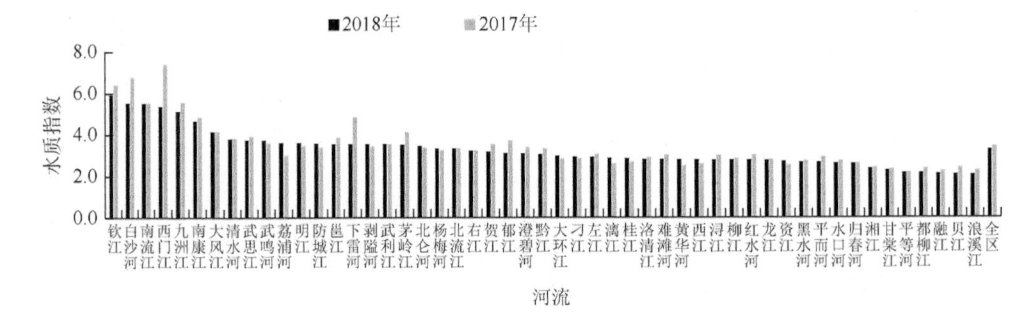

图 3-25　2018 年广西主要河流水质指数

（1）数据预处理

溶解氧在一定范围内数据值越大，表示水质越好，并呈正相关关系；而其他污染物指标数值越大表示水质越差，呈负相关关系。因此，用饱和溶解氧（取 10mg/L）减去溶解氧实测值，对溶解氧的数据进行预处理，使溶解氧与其他指标在指示水质好坏的相关关系上具有一致性。

（2）数据分析

相关系数矩阵中，大部分相关系数大于 0.3，可见部分变量之间的相关性较强，证明它们存在信息上的叠加，则这些原始变量适合进行主成分分析（表 3-18）。

进一步计算，得到相关系数矩阵的特征值和特征向量，以及各特征值对应主成分的方差贡献率（表 3-19）。SPSS 软件自动提取了 7 个主成分，对应主成分累计方差贡献率为 73.205%。各主成分线性表达式中原始指标的系数取相应特征值对应的正规化单位特征向量即可。从表 3-20 可以看出，高锰酸盐指数、化学需氧量、氨氮、总磷、生化需氧量在第一主成分上有较高的荷载，荷载值分别为 0.928、0.867、0.850、0.834、0.740，第一主成分主要表征了有机物污染程度。铅、镉、锌在第二主成分上有较高的荷载，荷载值分别为 0.858、0.611、0.576，主要表征铅、镉、锌等重金属对河流水质的影响。

表 3-18　相关系数矩阵

项目	溶解氧	高锰酸盐指数	生化需氧量	氨氮	石油类	挥发酚	汞	铅	化学需氧量	总磷	铜	锌	氟化物	硒	砷	镉	六价铬	氰化物	阴离子表面活性剂	硫化物
溶解氧	1.000	0.559	0.351	0.589	0.103	0.182	0.484	0.041	0.575	0.551	0.152	0.135	0.422	0.165	−0.079	0.093	0.111	0.276	0.297	0.043
高锰酸盐指数	0.559	1.000	0.763	0.730	−0.123	0.270	0.369	0.086	0.835	0.825	0.313	0.379	0.518	0.439	−0.127	0.154	−0.010	0.277	0.450	0.185
生化需氧量	0.351	0.763	1.000	0.703	0.016	0.182	0.019	0.163	0.599	0.680	0.260	0.262	0.191	0.324	−0.144	0.216	0.056	0.105	0.308	0.290
氨氮	0.589	0.730	0.703	1.000	0.082	0.178	0.257	0.167	0.627	0.743	0.295	0.318	0.385	0.354	−0.109	0.200	0.005	0.147	0.564	0.178
石油类	0.103	−0.123	0.016	0.082	1.000	−0.103	−0.047	0.382	0.147	−0.119	0.059	0.113	−0.201	−0.092	−0.039	0.441	0.012	−0.027	0.120	0.116
挥发酚	0.182	0.270	0.182	0.178	−0.103	1.000	−0.105	0.018	0.160	0.275	−0.023	0.169	0.264	0.145	0.064	−0.094	0.107	0.128	0.182	−0.010
汞	0.484	0.369	0.019	0.257	−0.047	−0.105	1.000	−0.063	0.456	0.304	0.054	0.134	0.272	0.127	0.088	−0.056	0.037	0.311	0.247	−0.090
铅	0.041	0.086	0.163	0.167	0.382	0.018	−0.063	1.000	0.082	0.017	−0.038	0.691	−0.063	0.146	0.016	0.537	0.102	−0.216	0.145	0.495
化学需氧量	0.575	0.835	0.599	0.627	0.147	0.160	0.456	0.082	1.000	0.672	0.271	0.310	0.476	0.453	−0.080	0.266	0.026	0.350	0.451	0.105
总磷	0.551	0.825	0.680	0.743	−0.119	0.275	0.304	0.017	0.672	1.000	0.115	0.219	0.465	0.269	−0.034	0.087	0.038	0.294	0.432	0.133
铜	0.152	0.313	0.260	0.295	0.059	−0.023	0.054	−0.038	0.271	0.115	1.000	0.087	0.328	−0.014	−0.042	0.017	−0.029	0.152	0.186	0.009
锌	0.135	0.379	0.262	0.318	0.113	0.169	0.134	0.691	0.310	0.219	0.087	1.000	0.123	0.217	0.029	0.297	−0.013	0.012	0.190	0.453
氟化物	0.422	0.518	0.191	0.385	−0.201	0.264	0.272	−0.063	0.476	0.465	0.328	0.123	1.000	0.200	0.185	0.046	−0.060	0.241	0.331	−0.002
硒	0.165	0.439	0.324	0.354	−0.092	0.145	0.127	0.146	0.453	0.269	−0.014	0.217	0.200	1.000	−0.146	0.167	−0.018	−0.196	0.511	0.069
砷	−0.079	−0.127	−0.144	−0.109	−0.039	0.064	0.088	0.016	−0.080	−0.034	−0.042	0.029	0.185	−0.146	1.000	0.098	0.019	0.046	−0.057	−0.022
镉	0.093	0.154	0.216	0.200	0.441	−0.094	−0.056	0.537	0.266	0.087	0.017	0.297	0.046	0.167	0.098	1.000	0.105	−0.124	0.147	0.099

续表

项目	溶解氧	高锰酸盐指数	生化需氧量	氨氮	石油类	挥发酚	汞	铅	化学需氧量	总磷	铜	锌	氟化物	硒	砷	镉	六价铬	氰化物	阴离子表面活性剂	硫化物
六价铬	0.111	−0.010	0.056	0.005	0.012	0.107	0.037	0.102	0.026	0.038	−0.029	−0.013	−0.060	−0.018	0.019	0.105	1.000	−0.086	−0.046	−0.068
氰化物	0.276	0.277	0.105	0.147	−0.027	0.128	0.311	−0.216	0.350	0.294	0.152	0.012	0.241	−0.196	0.046	−0.124	−0.086	1.000	0.135	−0.199
阴离子表面活性剂	0.297	0.450	0.308	0.564	0.120	0.182	0.247	0.145	0.451	0.432	0.186	0.190	0.331	0.511	−0.057	0.147	−0.046	0.135	1.000	0.007
硫化物	0.043	0.185	0.290	0.178	0.116	−0.010	−0.090	0.495	0.105	0.133	0.009	0.453	−0.002	0.069	−0.022	0.099	−0.068	−0.199	0.007	1.000

表 3-19　解释的总方差

成分	初始特征值			提取平方和载入			旋转平方和载入		
	合计	方差的百分数/%	累积百分数/%	合计	方差的百分数/%	累积百分数/%	合计	方差的百分数/%	累积百分数/%
1	5.793	28.964	28.964	5.793	28.964	28.964	5.150	25.749	25.749
2	2.608	13.039	42.003	2.608	13.039	42.003	2.115	10.575	36.324
3	1.491	7.453	49.456	1.491	7.453	49.456	1.800	9.001	45.325
4	1.314	6.572	56.028	1.314	6.572	56.028	1.532	7.661	52.986
5	1.214	6.070	62.097	1.214	6.070	62.097	1.497	7.483	60.469
6	1.140	5.700	67.797	1.140	5.700	67.797	1.362	6.812	67.281
7	1.081	5.407	73.205	1.081	5.407	73.205	1.185	5.923	73.205
8	0.934	4.669	77.873						
9	0.843	4.216	82.090						
10	0.699	3.496	85.586						
11	0.626	3.131	88.716						
12	0.510	2.548	91.264						
13	0.462	2.310	93.574						
14	0.321	1.607	95.181						
15	0.275	1.377	96.557						
16	0.192	0.960	97.517						
17	0.176	0.878	98.395						
18	0.156	0.782	99.177						
19	0.108	0.542	99.719						

表 3-20　初始因子荷载矩阵及特征向量

项目	成分						
	1	2	3	4	5	6	7
溶解氧	0.676	−0.186	0.274	−0.051	0.069	0.179	−0.223
高锰酸盐指数	0.928	−0.103	−0.137	0.015	−0.097	0.029	−0.053
生化需氧量	0.740	0.127	−0.286	−0.129	−0.234	0.272	0.059
氨氮	0.850	0.033	−0.069	−0.137	−0.068	0.066	0.047
石油类	0.045	0.514	0.527	−0.357	−0.028	0.116	0.184
挥发酚	0.291	−0.111	−0.304	0.463	0.231	0.307	0.265
汞	0.418	−0.310	0.464	0.017	0.184	−0.248	−0.500
铅	0.220	0.858	0.125	0.190	0.028	−0.026	−0.072
化学需氧量	0.867	−0.066	0.150	−0.122	0.027	−0.021	−0.042
总磷	0.834	−0.181	−0.119	0.065	−0.034	0.167	−0.092
铜	0.326	−0.116	0.142	−0.117	−0.472	−0.045	0.519

续表

项目	成分						
	1	2	3	4	5	6	7
锌	0.442	0.576	0.024	0.388	−0.106	−0.144	−0.181
氟化物	0.570	−0.321	0.089	0.343	0.042	−0.202	0.289
硒	0.486	0.141	−0.413	−0.213	0.476	−0.371	0.018
砷	−0.079	−0.034	0.351	0.637	0.203	−0.138	0.261
镉	0.259	0.611	0.345	−0.133	0.216	0.048	0.266
六价铬	0.028	0.079	0.079	0.035	0.434	0.705	−0.066
氰化物	0.295	−0.473	0.421	0.122	−0.251	0.088	−0.052
阴离子表面活性剂	0.612	0.011	−0.039	−0.196	0.301	−0.317	0.219
硫化物	0.219	0.571	−0.212	0.273	−0.395	−0.053	−0.272

（3）水质综合评价

各主成分得分与对应的方差贡献率乘积的总和即为总和得分。最后算出97个断面的主成分得分及综合得分，得分越高，表明污染程度越严重，由此可对各断面的水环境质量状况进行排序。其评价结果与水质指数评价结果基本吻合，独流入海水系水质相对较差。得分排名前30的断面中，独流入海水系断面占比60%，郁江支流断面占比33.3%，西江干流占0.7%，且前10名除了郁江支流的路怀断面，其余均为独流入海水系断面。从各主成分得分来看，独流入海水系大部分监测断面为第一主成分得分最高，表明独流入海水系以有机物污染为主，郁江支流的雁江、公篓、叮当、罗村口、澄碧河水库和弄欣断面为第二主成分得分最高，表明铅、镉、锌等重金属对水体的污染作用大于有机物的污染作用（表3-21）。

4. 湖库水质状况

2018年广西湖库水质总体为优，富营养化程度不显著，与2017年相比富营养化程度有所加重。广西对大王滩、西津、青狮潭、平龙、武思江、达开、六陈、澄碧河、天生桥、平班、龙滩、岩滩、大化、洪潮江、合浦15个地表型湖泊水库开展专项监测。15个水库中，武思江水库为Ⅳ类（超标因子为总磷），西津水库按河流评价标准进行评价，水质为Ⅱ类，其他13个湖库均满足Ⅲ类水质标准；通过透明度、叶绿素a、总磷、总氮、高锰酸盐指数5项指标计算富营养化程度得知，除武思江水库为轻度富营养外，其余14个水库均为中营养（表3-22）。

表 3-21　2018 年各断面综合主成分值及排名

河流名称	断面名称	F1	F2	F3	F4	F5	F6	F7	F 综合	污染程度排名
钦江	高速公路西桥	7.263 0	−0.252 3	−0.019 8	−0.085 3	0.089 3	−0.042 1	0.102 0	7.054 8	1
明江	路怀	3.034 4	1.795 1	−0.007 0	0.243 7	−0.208 3	0.009 7	−0.163 3	4.704 3	2
钦江	钦江东	3.938 9	0.316 5	0.040 3	−0.045 7	0.104 9	−0.033 8	0.019 8	4.340 9	3
白沙河	高速公路桥	4.037 9	−0.081 6	−0.010 2	0.265 8	−0.055 1	0.038 6	−0.018 5	4.176 9	4
南流江	六司桥	4.501 0	−0.125 3	−0.197 6	−0.054 5	−0.102 3	0.054 6	−0.069 1	4.006 8	5
南流江	横塘	3.694 4	−0.084 4	−0.000 7	0.120 0	−0.063 7	0.044 6	−0.118 7	3.591 5	6
南康江	婆围村	3.326 5	−0.417 8	0.186 5	−0.086 1	−0.292 5	−0.040 5	0.271 5	2.947 6	7
九洲江	文车桥	3.114 3	0.031 0	−0.079 1	−0.053 6	−0.062 5	0.038 0	−0.062 1	2.926 0	8
茅岭江	茅岭大桥	2.210 4	0.624 1	−0.048 2	0.102 8	0.126 0	−0.140 4	0.005 1	2.879 8	9
西门江	西门江	3.152 9	−0.441 1	0.063 1	−0.004 7	−0.147 7	0.064 2	0.072 0	2.758 7	10
南流江	江口大桥	3.150 8	−0.424 8	−0.018 8	0.014 4	−0.053 0	0.053 8	−0.038 0	2.684 4	11
北仑河	边贸码头	2.021 9	0.415 8	0.106 4	−0.166 1	0.074 5	−0.078 9	−0.016 4	2.357 2	12
防城江	三滩	1.977 9	0.386 8	−0.031 1	−0.046 6	0.081 7	−0.076 7	−0.029 9	2.262 1	13
南流江	南域	2.436 0	−0.345 9	0.202 8	−0.000 7	−0.065 4	0.033 7	−0.003 0	2.257 5	14
钦江	青年水闸	2.298 4	−0.011 9	−0.145 8	−0.117 2	0.197 0	−0.169 9	0.023 6	2.074 2	15
大风江	高塘	2.101 3	−0.007 2	−0.077 9	−0.041 4	0.152 1	−0.089 7	0.024 4	2.061 6	16
南流江	亚桥	1.711 0	−0.275 5	0.079 8	0.029 7	−0.048 7	0.020 8	0.009 8	1.526 9	17
明江	那弄	1.257 1	0.081 7	0.011 7	−0.041 7	0.068 8	−0.038 1	0.026 4	1.365 9	18
武思江	武思江大桥	0.656 2	−0.014 4	−0.041 7	0.065 7	0.262 2	0.400 0	−0.066 0	1.262 0	19
右江	雁江	−0.004 1	0.803 2	0.222 9	−0.055 9	0.046 8	0.009 8	0.068 9	1.091 6	20

续表

河流名称	断面名称	F1	F2	F3	F4	F5	F6	F7	F 综合	污染程度排名
右江	公篓	−0.282 7	0.611 1	0.266 0	−0.083 2	0.176 3	0.194 1	0.048 3	0.929 9	21
武鸣河	叮当	0.297 9	0.330 8	0.096 7	−0.092 9	−0.003 3	0.049 4	0.091 3	0.769 9	22
清水河	廖平桥	0.688 5	−0.267 5	0.080 9	0.010 6	−0.028 1	0.046 9	0.000 7	0.532 0	23
剥隘河	罗村口	−0.389 6	0.707 5	0.160 0	−0.108 6	0.018 4	0.009 6	0.107 2	0.504 5	24
防城江	木头滩	0.078 5	0.433 8	0.006 3	0.000 1	0.043 2	−0.040 6	−0.039 3	0.482 0	25
贺江	贺街	0.676 0	−0.418 3	0.079 5	0.101 1	0.001 5	−0.057 2	0.031 0	0.413 6	26
武利江	东边埇	0.760 6	−0.352 1	0.071 1	−0.002 6	0.000 9	−0.012 8	−0.088 1	0.377 0	27
邕江	蒲庙	0.440 0	−0.262 4	0.084 3	−0.053 1	−0.018 9	0.093 3	−0.024 0	0.259 2	28
邕江	水塘江	0.314 6	−0.178 1	0.119 6	−0.084 0	−0.030 5	0.086 8	−0.024 1	0.204 3	29
澄碧河	澄碧河水库	−0.703 7	0.660 4	0.151 3	−0.093 3	0.031 0	0.007 3	0.063 7	0.116 7	30
北仑河	民生	−0.542 1	0.513 2	0.070 5	−0.004 4	−0.017 3	−0.015 3	−0.047 3	−0.042 7	31
北流江	自良渡口	0.271 3	−0.290 7	0.007 5	−0.040 6	0.035 1	−0.027 7	−0.045 7	−0.090 8	32
刁江	马陇	−0.867 0	0.240 9	0.272 3	0.093 6	0.138 8	−0.117 9	0.109 5	−0.129 8	33
漓江	磨盘山	−0.156 5	−0.043 4	−0.234 3	0.113 5	−0.002 7	0.099 2	0.072 7	−0.151 5	34
资江	随滩	−0.450 8	0.267 9	−0.216 1	0.090 6	0.039 5	0.009 2	0.059 7	−0.200 0	35
邕江	老口	−0.238 6	−0.089 1	0.119 7	−0.004 7	−0.006 7	0.033 5	−0.040 6	−0.226 5	36
杨梅河	爽底坪	0.100 1	−0.244 7	−0.041 9	−0.063 1	0.004 5	0.0000	−0.059 1	−0.304 2	37
大环江	东江	−0.531 9	0.287 2	−0.030 4	0.032 1	−0.012 5	−0.017 1	−0.058 4	−0.331 0	38
贺江	扶隆码头	−0.051 0	−0.480 1	0.046 2	0.075 7	0.028 6	−0.049 3	0.051 3	−0.378 6	39
洛清江	龙溪	−0.124 9	−0.242 5	−0.053 2	0.052 1	0.004 4	−0.031 6	0.013 8	−0.381 9	40
黄华河	宝珠围	−0.121 5	−0.311 8	0.077 0	0.079 2	−0.050 4	−0.052 1	−0.032 3	−0.411 9	41

续表

河流名称	断面名称	F1	F2	F3	F4	F5	F6	F7	F 综合	污染程度排名
邕江	六景	−0.171 7	−0.221 3	0.014 0	−0.022 4	0.016 6	0.017 6	−0.061 3	−0.428 5	42
荔浦河	扒齿	−0.319 9	−0.114 0	−0.260 6	0.073 7	−0.005 9	0.107 8	0.078 2	−0.440 7	43
郁江	火电厂	−0.159 3	−0.237 1	0.030 7	0.013 5	0.026 5	−0.036 0	−0.089 9	−0.451 6	44
下雷河	弄欣	−0.417 3	0.033 7	−0.054 8	−0.068 0	−0.038 6	0.029 6	−0.009 3	−0.524 7	45
北仑河	狗尾濑	−0.946 5	0.407 2	0.069 1	−0.038 1	−0.004 5	−0.013 9	−0.042 8	−0.569 5	46
洛清江	渔村	−0.411 4	−0.166 4	−0.033 5	0.065 8	−0.002 7	−0.039 3	0.008 1	−0.579 4	47
左江	上中	−0.571 8	−0.165 3	0.069 1	−0.007 4	0.009 8	0.066 1	−0.001 4	−0.600 9	48
龙江	三江口	−0.780 0	0.237 7	0.008 6	−0.013 3	−0.005 3	−0.026 7	−0.036 2	−0.615 2	49
黔江	大陆洲	−0.666 8	−0.016 7	0.043 6	−0.003 2	0.015 3	0.007 8	0.001 0	−0.619 0	50
柳江	石龙	−0.771 8	0.229 7	−0.088 5	0.050 0	−0.053 3	0.005 8	0.002 5	−0.625 6	51
右江	巴营	−0.787 5	0.100 6	0.084 2	−0.089 3	0.003 6	0.012 6	0.033 0	−0.642 8	52
柳江	象州运江老街	−0.793 3	0.229 7	−0.046 4	0.018 9	−0.052 1	−0.009 1	0.007 1	−0.645 2	53
郁江	南岸	−0.310 0	−0.282 3	0.028 5	−0.041 7	0.048 6	−0.037 4	−0.064 5	−0.658 8	54
明江	上金	−0.349 7	−0.198 7	−0.022 6	−0.056 9	−0.019 3	0.001 8	−0.031 7	−0.677 1	55
柳江	沙煲滩	−0.807 6	0.352 6	−0.133 1	−0.001 2	−0.117 8	0.004 1	0.019 0	−0.684 0	56
红水河	合山电厂	−0.828 1	−0.080 6	0.063 2	0.003 5	0.033 8	−0.002 8	0.016 6	−0.794 4	57
洛清江	百鸟滩	−0.775 4	0.036 9	−0.111 2	0.047 2	−0.068 1	−0.007 7	0.065 5	−0.812 8	58
桂江	浮桥	−0.889 7	−0.031 3	−0.240 6	0.116 7	0.022 7	0.091 3	0.110 5	−0.820 4	59
浔江	冬训楼	−0.570 7	−0.251 4	0.071 1	0.039 9	−0.030 3	−0.042 4	−0.059 6	−0.843 4	60
西江	界首	−0.580 7	−0.248 4	0.071 1	0.032 1	−0.028 5	−0.036 2	−0.053 7	−0.844 3	61
红水河	马安	−0.905 7	−0.061 9	0.067 1	0.011 8	0.034 9	−0.008 5	0.014 5	−0.847 8	62

续表

河流名称	断面名称	F1	F2	F3	F4	F5	F6	F7	F 综合	污染程度排名
融江	木洞	−1.196 6	0.468 0	−0.072 1	0.023 5	−0.081 1	−0.009 7	−0.007 6	−0.875 6	63
桂江	石咀	−0.617 7	−0.246 9	0.058 4	0.016 7	−0.031 6	−0.029 1	−0.058 4	−0.908 6	64
右江	东笋	−1.151 5	0.152 8	0.090 8	−0.072 3	0.009 5	0.013 9	0.031 9	−0.924 9	65
柳江	露塘	−1.181 5	0.312 7	−0.035 0	0.004 3	−0.040 1	−0.007 9	0.021 3	−0.926 2	66
左江	渠立	−0.912 8	−0.097 3	0.099 0	−0.062 6	0.000 9	0.037 9	−0.006 7	−0.941 6	67
红水河	马蹄渡	−0.961 1	−0.060 3	0.072 8	−0.019 1	0.025 5	−0.010 1	0.004 2	−0.948 1	68
平而河	平而关	−0.911 9	0.029 6	−0.030 0	0.019 5	−0.036 8	−0.021 2	−0.052 0	−1.002 8	69
桂江	桂花	−0.672 7	−0.396 4	0.035 3	0.054 6	−0.008 3	−0.004 3	−0.017 1	−1.008 9	70
浔江	武林	−0.661 3	−0.330 1	0.074 4	−0.017 5	0.065 9	−0.083 9	−0.063 3	−1.015 8	71
红水河	车渡	−0.974 8	−0.155 4	−0.027 9	0.042 1	0.011 8	−0.017 9	0.004 3	−1.117 8	72
桂江	京南	−0.799 0	−0.358 9	0.007 9	0.047 5	−0.022 3	−0.007 8	−0.015 1	−1.147 7	73
漓江	阳朔	−0.940 7	−0.164 1	−0.043 8	0.014 7	0.017 1	−0.023 0	−0.018 7	−1.158 5	74
浔江	石嘴	−0.909 1	−0.275 3	−0.016 9	0.019 1	0.037 4	−0.012 1	−0.018 8	−1.175 7	75
湘江	庙头	−1.289 0	0.041 1	−0.191 3	0.053 9	0.080 0	0.024 0	0.098 7	−1.182 6	76
红水河	六排	−1.015 3	−0.227 9	0.045 7	0.031 2	0.020 5	−0.033 9	−0.003 1	−1.182 8	77
浔江	石良角	−0.938 9	−0.313 2	0.043 0	0.027 4	0.013 5	−0.032 3	−0.032 7	−1.233 2	78
黔江	白额	−0.914 9	−0.273 6	−0.037 2	0.003 5	0.017 2	−0.018 4	−0.014 2	−1.237 6	79
黔江	勒马	−0.986 5	−0.262 2	−0.019 8	0.018 3	0.041 9	−0.017 3	−0.017 2	−1.242 8	80
龙江	六甲	−1.176 7	0.048 9	−0.006 7	−0.021 0	−0.002 5	−0.029 1	−0.065 5	−1.252 6	81
龙江	杨民	−1.195 7	0.068 1	−0.029 8	−0.001 2	−0.017 6	−0.035 2	−0.045 4	−1.256 8	82
柳江	猫耳山	−1.254 3	0.103 1	−0.114 1	−0.001 9	−0.068 8	0.002 6	0.014 4	−1.319 0	83

续表

河流名称	断面名称	F1	F2	F3	F4	F5	F6	F7	F 综合	污染程度排名
红水河	垒亭	−1.267 1	−0.202 0	0.047 0	0.002 0	0.035 5	−0.030 5	0.007 1	−1.408 0	84
左江	棉江	−1.117 0	−0.179 5	−0.026 3	−0.044 9	−0.021 6	0.002 3	−0.025 0	−1.412 0	85
红水河	大化	−1.236 1	−0.220 9	0.033 5	0.002 0	0.029 0	−0.025 1	−0.012 7	−1.430 3	86
漓江	大河	−1.404 5	−0.058 6	−0.209 5	0.053 7	−0.001 0	0.060 3	0.076 7	−1.482 9	87
难滩河	隘屯	−1.668 1	0.205 3	0.033 6	−0.097 1	0.002 8	0.006 7	0.032 6	−1.484 2	88
黑水河	新立	−1.352 2	−0.162 3	−0.062 2	−0.042 7	−0.026 6	0.001 6	−0.022 8	−1.667 2	89
贝江	贝江口	−1.697 0	0.211 7	−0.156 6	−0.007 0	−0.093 9	−0.001 2	0.027 8	−1.716 2	90
寻江	交州	−1.602 7	−0.091 8	−0.072 4	0.000 2	0.025 0	−0.033 0	−0.017 5	−1.792 2	91
水口河	八角电站	−1.539 8	−0.143 1	−0.027 9	−0.058 5	−0.021 1	0.006 1	−0.014 2	−1.798 5	92
都柳江	梅林	−1.773 7	0.120 4	−0.119 9	−0.027 8	−0.052 0	−0.000 5	0.031 2	−1.822 3	93
浪溪江	浪溪江	−1.775 7	0.134 5	−0.126 9	−0.030 9	−0.065 4	0.003 0	0.036 5	−1.824 9	94
归春河	德天	−1.560 6	−0.142 7	−0.041 7	−0.055 9	−0.020 9	−0.000 2	−0.015 5	−1.837 5	95
甘棠江	水库出水口	−1.689 8	−0.032 6	−0.060 7	−0.038 9	0.003 2	−0.012 4	−0.041 0	−1.872 2	96
融江	大洲	−1.886 6	0.102 4	−0.110 0	−0.027 7	−0.066 1	−0.012 3	0.063 2	−1.937 1	97

表 3-22　2018 年广西湖库水质状况及富营养化程度

湖库名称	水质类别	水质状况	富营养化程度指数	富营养化程度	备注
大王滩	Ⅲ类	良好	46.09	中营养	
西津	Ⅱ类	优	46.50	中营养	按河流评价标准进行评价
青狮潭	Ⅱ类	优	38.56	中营养	
合浦	Ⅱ类	优	38.42	中营养	
洪潮江	Ⅱ类	优	45.02	中营养	
平龙	Ⅲ类	良好	46.30	中营养	
武思江	Ⅳ类	轻度污染	50.67	轻度富营养	超标因子为总磷，超标倍数 0.1
达开	Ⅱ类	优	39.86	中营养	
六陈	Ⅱ类	优	39.30	中营养	
澄碧河	Ⅱ类	优	33.27	中营养	
天生桥	Ⅲ类	良好	40.89	中营养	
平班	Ⅲ类	良好	39.00	中营养	
龙滩	Ⅱ类	优	39.16	中营养	
大化	Ⅱ类	优	35.94	中营养	
岩滩	Ⅱ类	优	36.66	中营养	

与 2017 年相比，2018 年 15 个湖库监测点位中，有 13 个断面水质持平，1 个断面水质有所好转：合浦水库水质由Ⅲ类变为Ⅱ类；1 个断面水质有所下降：平班水库水质由Ⅱ类变为Ⅲ类。14 个湖库富营养化程度维持中营养状态，武思江水库由中营养转变为轻度富营养。

5. 2015～2018 年水环境质量变化趋势分析

2015～2018 年，广西河流总体水质保持优，优良水质比例为 90.7%～94.8%。2018 年与 2015 年相比下降了 0.3 个百分点，劣Ⅴ类水质比例上升了 1.0 个百分点（图 3-26）。

本书选用斯皮尔曼（Spearman）秩相关系数法研究河流水质指数的变化趋势。斯皮尔曼秩相关系数法是衡量环境污染变化趋势在统计上有无显著性的常用方法。对给出的时间周期和它们的相应值（即月均值、季均值或年均值），按从大到小的顺序排列好。秩相关系数的计算公式如下

$$r_i = 1 - \left[6\sum_{i=1}^{n} d_i^2 \right] / [N^3 - N]$$

$$d_i = X_i - Y_i$$

式中，r_i 为秩相关系数；d_i 为变量和变量的差值；X_i 为周期 1 到周期 N 按浓度值从小到大排列的序号；Y_i 为按时间排列的序号；N 为周期数。

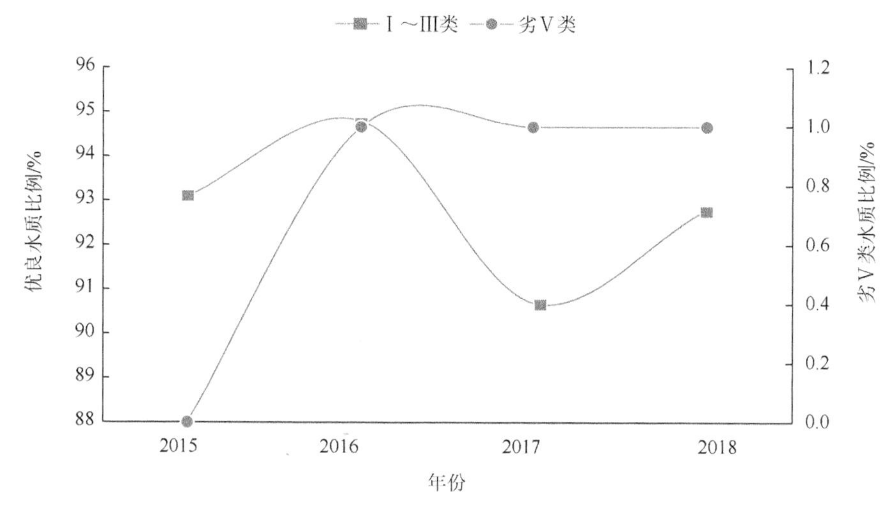

图 3-26　2015～2018 年广西河流优良水质比例和劣Ⅴ类水质比例变化

将秩相关系数的绝对值与斯皮尔曼秩相关系数统计表中的临界值 Wp 进行比较，如果绝对值＞Wp，则表明变化趋势有显著意义；如果为正值，则表明水质指数具有上升趋势，水质呈恶化趋势；如果为负值，则表明水质指数具有下降趋势，水质呈改善趋势。

（1）珠江水系

西江干流：2015～2018 年，西江干流Ⅰ～Ⅲ类水质断面比例均为 100%，河流水质状况均为优。河流水质指数变化趋势显示，西江干流 10 条河流指数均呈下降趋势，其中 6 条河流指数不显著下降，4 条河流显著下降，表明西江干流总体水质保持稳定，河流污染物浓度有所下降。

柳江支流：2015～2018 年，柳江支流Ⅰ～Ⅲ类水质断面比例均为 100%，河流水质状况均为优。河流水质指数变化趋势显示，柳江支流 9 条河流指数均呈下降趋势，其中 7 条河流指数不显著下降，2 条河流显著下降，表明柳江支流总体水质保持稳定，河流污染物浓度有所下降。

桂江支流：2015～2018 年，桂江支流Ⅰ～Ⅲ类水质断面比例均为 100%，河流水质状况均为优。河流水质指数变化趋势显示，桂江支流 4 条河流指数均呈下降趋势，其中 3 条河流指数不显著下降，1 条河流显著下降，表明桂江支流总体水质保持稳定，河流污染物浓度有所下降。

郁江支流：2015～2018 年，郁江支流Ⅰ～Ⅲ类水质断面比例为 94.7%～100%，呈上升趋势，河流水质状况均为优。河流水质指数变化趋势显示，郁江支流 15 条河流中，3 条河流指数显著下降，7 条河流不显著下降，2 条河流显著上升，2 条河流不显著上升，1 条河流无显著变化，表明郁江支流总体水质有所好转。

（2）长江水系

2015～2018 年，广西境内的长江水系Ⅰ～Ⅲ类水质断面比例均为 100%，河流水质状况均为优。河流水质指数变化趋势显示，长江水系 2 条河流指数均为不显著下降，表明长江水系河流总体水质保持稳定。

（3）独流入海水系

2015～2018 年，独流入海水系Ⅰ～Ⅲ类水质断面比例在 60.0%～71.4%波动，除 2016 年河流水质状况为良好外，其余 3 年水质状况均为轻度污染。河流水质指数变化趋势显示，独流入海水系 11 条河流中，2 条河流指数显著下降，7 条河流不显著下降，2 条河流不显著上升，表明独流入海水系总体水质变化不大，河流水质污染程度没有得到太大改善。

2015～2018 年广西水系水质类别评价结果统计见表 3-23，2015～2018 年广西河流水质指数及趋势分析结果见表 3-24。

表 3-23　2015～2018 年广西水系水质类别评价结果统计

水系名称		年份	水质类别断面数/个						断面总质数量/条	达Ⅲ类水质的比例/%	水质状况
			Ⅰ	Ⅱ	Ⅲ	Ⅳ	Ⅴ	劣Ⅴ			
珠江水系	西江干流	2015	0	15	3	0	0	0	18	100	优
		2016	2	17	3	0	0	0	22	100	优
		2017	1	19	2	0	0	0	22	100	优
		2018	0	21	1	0	0	0	22	100	优
	柳江支流	2015	0	11	1	0	0	0	12	100	优
		2016	1	15	2	0	0	0	18	100	优
		2017	1	17	0	0	0	0	18	100	优
		2018	0	18	0	0	0	0	18	100	优
	桂江支流	2015	0	6	1	0	0	0	7	100	优
		2016	0	7	2	0	0	0	9	100	优
		2017	1	7	1	0	0	0	9	100	优
		2018	1	7	1	0	0	0	9	100	优
	郁江支流	2015	3	15	0	1	0	0	19	94.7	优
		2016	4	16	5	1	0	0	26	96.2	优
		2017	3	19	3	0	1	0	26	96.2	优
		2018	2	18	6	0	0	0	26	100	优

续表

水系名称	年份	水质类别断面数/个						断面总质数量/条	达III类水质的比例/%	水质状况
		I	II	III	IV	V	劣V			
长江水系	2015	0	2	0	0	0	0	2	100	优
	2016	0	2	0	0	0	0	2	100	优
	2017	0	2	0	0	0	0	2	100	优
	2018	0	2	0	0	0	0	2	100	优
独流入海水系	2015	0	5	5	3	1	0	14	71.4	轻度污染
	2016	0	5	11	3	0	1	20	80.0	良好
	2017	0	6	6	5	2	1	20	60.0	轻度污染
	2018	0	5	8	4	2	1	20	65.0	轻度污染
广西	2015	3	54	10	4	1	0	72	93.1	优
	2016	7	62	23	4	0	1	97	94.8	优
	2017	6	70	12	5	3	1	97	90.7	优
	2018	3	71	16	4	2	1	97	92.8	优

表 3-24　2015～2018 年广西河流水质指数及趋势分析结果

所属水系	河流名称	2015 年水质指数	2016 年水质指数	2017 年水质指数	2018 年水质指数	秩相关系数	水质指数变化趋势
西江干流	北流江	3.745 6	3.712 8	3.272 0	3.296 5	−0.8	不显著下降
	刁江	3.101 6	2.913 1	2.797 7	2.905 0	−0.8	不显著下降
	贺江	4.375 8	4.070 3	3.482 7	3.141 0	−1	显著下降
	红水河	3.113 0	3.097 5	2.952 5	2.743 4	−1	显著下降
	黄华河	3.361 8	2.853 3	2.462 0	2.768 9	−0.8	不显著下降
	黔江	3.947 2	3.660 6	3.251 7	3.027 4	−1	显著下降
	清水河	—	3.880 9	3.772 7	3.785 5	−0.5	不显著下降
	西江	3.375 9	2.779 8	2.536 7	2.765 0	−0.8	不显著下降
	浔江	3.953 8	3.351 7	2.933 9	2.748 6	−1	显著下降
	杨梅河	3.645 5	3.317 0	3.176 5	3.298 8	−0.8	不显著下降
柳江支流	贝江	—	3.036 6	2.350 6	2.061 9	−1	显著下降
	大环江	3.063 2	2.762 5	2.771 9	2.945 6	−0.2	不显著下降
	都柳江	2.993 6	3.178 8	2.309 9	2.142 0	−0.8	不显著下降
	浪溪江	—	3.058 8	2.195 6	2.043 0	−1	显著下降
	柳江	3.144 7	3.371 9	2.780 5	2.743 6	−0.8	不显著下降

续表

所属水系	河流名称	2015年水质指数	2016年水质指数	2017年水质指数	2018年水质指数	秩相关系数	水质指数变化趋势
柳江支流	龙江	3.101 9	2.920 0	2.727 2	2.738 0	−0.8	不显著下降
	洛清江	3.623 2	3.682 4	2.833 8	2.783 7	−0.8	不显著下降
	平等河	—	2.530 2	2.116 5	2.144 1	−0.5	不显著下降
	融江	2.857 2	3.087 2	2.170 9	2.090 2	−0.8	不显著下降
桂江支流	甘棠江	—	2.578 6	2.279 4	2.253 1	−1	显著下降
	桂江	3.358 9	2.908 4	2.618 4	2.829 7	−0.8	不显著下降
	漓江	3.178 8	2.817 2	2.557 8	2.837 2	−0.4	不显著下降
	荔浦河	—	3.822 5	2.959 4	3.591 9	−0.5	不显著下降
郁江支流	剥隘河	3.067 2	3.209 5	3.379 8	3.516 7	1	显著上升
	澄碧河	—	2.982 8	3.322 4	3.049 7	0.4	不显著上升
	归春河	2.764 3	2.747 2	2.555 4	2.585 4	−0.8	不显著下降
	黑水河	2.722 3	2.839 4	2.670 5	2.648 7	−0.8	不显著下降
	明江	3.486 0	3.773 4	3.411 6	3.583 8	0	无显著变化
	难滩河	2.763 8	2.980 8	2.955 5	2.777 8	0.2	不显著上升
	平而河	2.923 0	3.173 2	2.847 6	2.640 1	−0.8	不显著下降
	水口河	2.762 8	2.654 8	2.671 4	2.596 2	−0.8	不显著下降
	武鸣河	—	3.377 1	3.548 6	3.712 3	1	显著上升
	武思江	—	4.600 3	3.858 2	3.725 7	−1	显著下降
	下雷河	4.871 5	4.640 6	4.801 5	3.520 4	−0.8	不显著下降
	邕江	3.975 9	3.647 7	3.801 6	3.524 9	−0.8	不显著下降
	右江	3.286 1	3.044 8	3.166 4	3.193 9	−0.2	不显著下降
	郁江	4.396 4	3.949 8	3.649 1	3.072 7	−1	显著下降
	左江	3.413 1	3.172 1	2.993 4	2.890 2	−1	显著下降
长江流域	湘江	3.285 9	2.620 7	2.350 2	2.355 4	−0.8	不显著下降
	资江	3.205 7	2.837 0	2.480 0	2.688 4	−0.8	不显著下降
独流入海水系	白沙河	—	5.865 3	6.724 4	5.523 1	−0.5	不显著下降
	北仑河	3.062 8	3.453 8	3.322 2	3.431 7	0.4	不显著上升
	大风江	4.438 9	4.415 1	4.088 4	4.127 3	−0.8	不显著下降
	防城江	4.559 9	3.532 3	3.329 2	3.556 9	−0.4	不显著下降
	九洲江	7.197 5	5.306 1	5.499 7	5.129 1	−0.8	不显著下降
	茅岭江	5.081 2	5.026 4	4.040 1	3.483 8	−1	显著下降
	南康江	—	5.361 3	4.805 6	4.639 2	−1	显著下降

续表

所属水系	河流名称	2015 年水质指数	2016 年水质指数	2017 年水质指数	2018 年水质指数	秩相关系数	水质指数变化趋势
独流入海水系	南流江	6.244 4	5.253 5	5.482 0	5.505 7	−0.2	不显著下降
	钦江	4.861 3	6.815 8	6.329 7	5.901 8	0.2	不显著上升
	武利江	4.587 1	4.168 9	3.479 6	3.511 3	−0.8	不显著下降
	西门江	—	6.897 1	7.360 7	5.349 4	−0.5	不显著下降

3.3.2 地表水环境质量问题

局部地区水质下降问题突出。独流入海水系白沙河、钦江、南流江的年均水质存在轻度、中度污染，主要原因是独流入海水系及沿海三市农村人口多、农业比重大且农业生产方式粗放，其产生的畜禽养殖、农村生活污水、农业种植等面源污染影响大，沿海三市城镇污水处理设施及配套管网建设滞后，城镇生活污水处理能力不足。

武思江水库水质指标存在超标，富营养化程度有所加重。受网箱养鱼、农业面源等污染，武思江水库连续四年均出现了氨氮、总磷等超标现象。

3.4 近岸海域水质环境质量状况分析

3.4.1 广西近岸海域情况及监测概况

1. 近岸海域概况

广西沿海地区包括北海市、钦州市和防城港市，岸线曲折，港湾众多。重要海湾、海域包括廉州湾、铁山港、钦州湾（包含茅尾海和钦州港）、防城港海域（包含防城港东湾和西湾）、珍珠湾等。

2. 近岸海域水质监测概况

（1）近岸海域水质监测范围及指标

近岸海域水质监测范围包括全区共 44 个监测站位，其中 22 个国控站位和 22 个区控站位。监测指标包括水温、悬浮物、盐度、pH、溶解氧、化学需氧量（碱性高锰酸钾法）、石油类、活性磷酸盐、无机氮（硝酸盐氮、亚硝酸盐氮、氨氮）、汞、铜、铅、镉、非离子氨（统计）、活性硅酸盐、锌、砷、镍、总铬、六价铬、氰化物、硫化物、硒、挥发性酚、透明度、水深、大肠菌群、粪大肠菌群、生化需氧量（BOD_5）、叶绿素 a、总有机碳（TOC）、阴离子表面活性剂、六六六、滴滴涕、马拉硫磷、甲基对硫磷、苯并（*a*）芘等项目，其中六六六、滴滴涕、马拉硫磷、甲基对硫磷、苯并（*a*）芘等项目只在丰水期监测。

（2）监测时间

每年枯水期（1～4 月）、丰水期（6～8 月）、平水期（9～11 月）各监测 1 次，每年共监测 3 次。

（3）近岸海域水质评价方法

① 水质评价采用单因子污染指数法确定水质类别。

② 海水富营养化评价。

a.富营养化程度分析方法。

通过水体富营养化指数 E 的大小进行海水富营养化程度分析。

b.富营养化程度划分标准。

水体富营养化程度划分标准见表 3-25。

表 3-25　水体富营养化程度划分标准

富营养化程度	贫营养	轻度富营养	中度富营养	重富营养	严重富营养
指数 E	$E<1.0$	$1.0\geqslant E<2.0$	$2.0\geqslant E<5.0$	$5.0\geqslant E<15.0$	$E\geqslant 15.0$

3. 近岸海域沉积物监测概况

（1）近岸海域沉积物监测范围

全区共监测 44 个站位（包括 22 个国控站位和 22 个区控站位）。沉积物监测范围与监测点位布设与监测海域水质相同，采集表层沉积物。

（2）近岸海域沉积物监测项目

pH、粒度、有机碳、硫化物、石油类、铜、铅、镉、砷、汞、锌、铬、镍、六六六、滴滴涕、多氯联苯，共 16 项。

本次课题分析将有机碳、石油类、硫化物、砷、铜、铅、镉、汞、锌、铬共 10 项监测项目均列为评价项目。

（3）监测时间

每年枯水期（1～4 月）监测 1 次，与枯水期水质监测同时进行。

（4）近岸海域沉积物评价方法

采用单因子污染指数法评价沉积物质量，计算超标率时采用第一类标准。

3.4.2 近岸海域海水质量评价结果

1. 2018 年近岸海域海水质量状况

2018 年广西近岸海域水质状况级别为良好，优良点位（一、二类水质）比例为 81.8%。广西近岸超二类水质标准的海域主要位于茅尾海、钦州港和廉州湾海域，主要超标（超二类水质标准）因子为活性磷酸盐和无机氮。海水水质类别详见表 3-26。

表 3-26　2018 年 44 个点位海水水质类别情况

区域	点位数	一类/%	二类/%	三类/%	四类/%	劣四类/%	水质优良点位比例/%	水质状况级别
广西	44	65.9	15.9	0	9.1	9.1	81.8	良好
北海市	20	80.0	15.0	0	5.0	0	95.0	优
钦州市	12	41.7	0	0	25.0	33.3	41.7	差
防城港市	12	66.7	33.3	0	0	0	100	优

2. 2015～2018 年年均近岸海域海水环境质量状况及变化趋势

广西近岸海域 2015～2018 年度水质以一类水质为主，优良点位比例为 81.8%～90.9%，劣四类水质比例为 0～9.1%。以《近岸海域环境监测规范》（HJ 442—2008）水质定性评价分级依据进行判定，2015～2018 年广西近岸海域的水质处于优或良好的水平。海水年度水质类别详见表 3-27、图 3-27。

表 3-27　2015～2018 年广西及沿海三市近岸海域年度水质评价结果

区域	年份	点位数	一类/%	二类/%	三类/%	四类/%	劣四类/%	水质优良点位比例/%	水质状况级别
广西	2015	44	77.3	13.6	0.0	9.1	0.0	90.9	优
	2016	44	75.0	6.8	6.8	2.3	9.1	81.8	良好
	2017	44	68.2	18.2	0	4.5	9.1	86.4	良好
	2018	44	65.9	15.9	0	9.1	9.1	81.8	良好
北海市	2015	20	90.0	10.0	0.0	0.0	0.0	100	优
	2016	20	90.0	5.0	5.0	0	0	95.0	优
	2017	20	75.0	25.0	0	0	0	100	优
	2018	20	80.0	15.0	0	5.0	0	95.0	优

续表

区域	年份	点位数	一类/%	二类/%	三类/%	四类/%	劣四类/%	水质优良点位比例/%	水质状况级别
钦州市	2015	12	41.7	25.0	0.0	33.3	0.0	66.7	一般
	2016	12	33.3	16.7	8.3	8.3	33.3	50.0	差
	2017	12	41.7	16.7	0	16.7	25	58.4	差
	2018	12	41.7	0	0	25.0	33.3	41.7	差
防城港市	2015	12	91.7	8.3	0.0	0.0	0.0	100	优
	2016	12	91.7	0	8.3	0	0	91.7	优
	2017	12	83.3	8.3	0	0	8.3	91.7	优
	2018	12	66.7	33.3	0	0	0	100	优

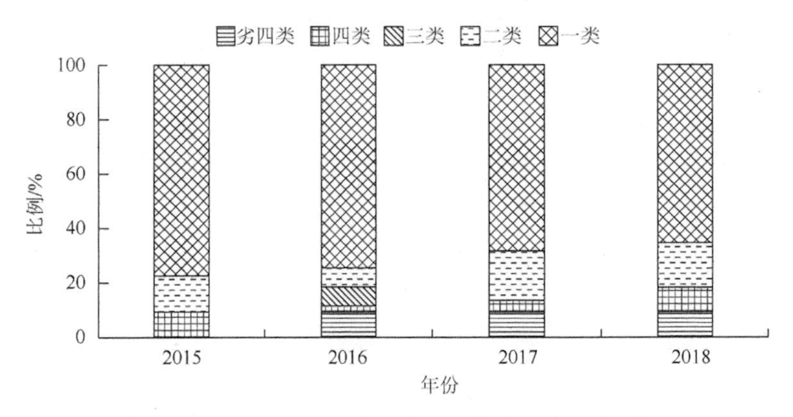

图 3-27　2015～2018 年广西全年平均海水水质比例情况

3.4.3　海水富营养化程度分析

2015～2018 年，广西近岸海域富营养化指数均值在 0.6～1.9，除了 2015 年处于贫营养状态，2016～2018 年均为轻度富营养状态。按区域进行统计，钦州市近岸海域富营养化程度最高，富营养化指数均值在 1.7～6.1，处于轻度至重富营养水平。北海市和防城港市近岸海域富营养化指数均值在 0.1～0.4，均处于贫营养水平。具体详见表 3-28 和图 3-28。

从广西近岸海域富营养化指数可以看出，2015～2018 年富营养化程度不断加重。自 2016 年起，局部海域（茅尾海）出现了重富营养化，并在 2018 年达到了严重富营养化。广西海域营养盐主要受入海径流输入影响，富营养化指数沿海岸线自北向南呈递减态势；2015～2018 年严重富营养以及重富营养主要分布于茅尾海，中度富营养主要分布在钦州港及廉州湾。

表 3-28　2015～2018 年广西近岸海域富营养状况统计表

区域	年份	年度富营养化指数	年均富营养化程度	富营养化程度比例/%					
				站位数	贫营养	轻度富营养	中度富营养	重富营养	严重富营养
北海市	2015	0.1	贫营养	20	100.0	0.0	0.0	0.0	0.0
	2016	0.3	贫营养	20	90.0	5.0	5.0	0.0	0.0
	2017	0.3	贫营养	20	90.0	10.0	0.0	0.0	0.0
	2018	0.4	贫营养	20	85.0	10.0	5.0	0.0	0.0
钦州市	2015	1.7	轻度富营养	12	58.3	0.0	41.7	0.0	0.0
	2016	3.1	中度富营养	12	50.0	0.0	16.7	33.3	0.0
	2017	3.6	中度富营养	12	41.6	16.7	16.7	25.0	0.0
	2018	6.1	重富营养	12	41.7	0.0	16.7	33.3	8.3
防城港市	2015	0.1	贫营养	12	100.0	0.0	0.0	0.0	0.0
	2016	0.4	贫营养	12	91.7	0.0	8.3	0.0	0.0
	2017	0.4	贫营养	12	83.4	8.3	8.3	0.0	0.0
	2018	0.2	贫营养	12	91.7	8.3	0.0	0.0	0.0
广西	2015	0.6	贫营养	44	88.6	0.0	11.4	0.0	0.0
	2016	1.1	轻度富营养	44	79.5	2.3	9.1	9.1	0.0
	2017	1.3	轻度富营养	44	75.0	11.4	6.8	6.8	0.0
	2018	1.9	轻度富营养	44	75.0	6.8	6.8	9.1	2.3

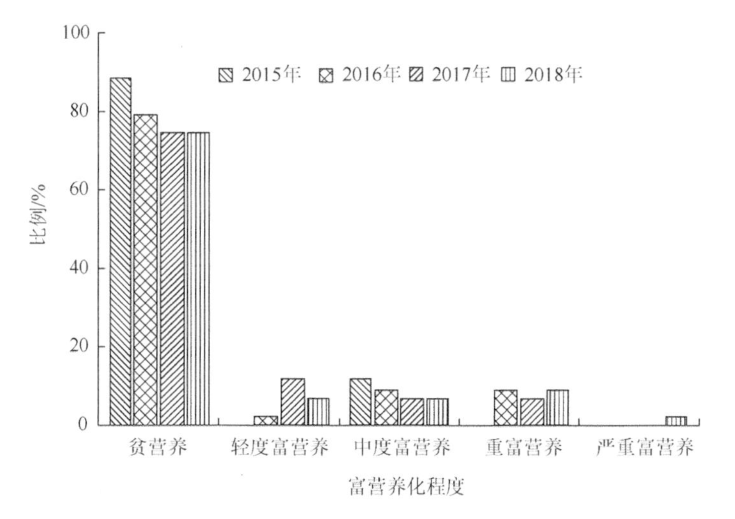

图 3-28　2015～2018 年广西近岸海域富营养化程度

3.4.4 近岸海域沉积物质量评价结果

1. 2018 年近岸海域沉积物质量状况

2018 年广西近岸海域表层沉积物质量状况为优良，44 个监测点位中，达到《海洋沉积物质量》（GB 18668—2002）第一类标准的点位比例为 97.7%，达到第二类标准的点位比例为 2.3%。环境功能区达标率为 100%。

2. 2015～2018 年年均近岸海域沉积物环境质量状况

广西近岸海域 2015～2018 年度沉积物质量均为优良，优于二类沉积物质量比例均为 100%，以《近岸海域环境监测规范》（HJ 442—2008）沉积物定性评价分级依据进行判定，沉积物年度功能区达标率详见图 3-29。

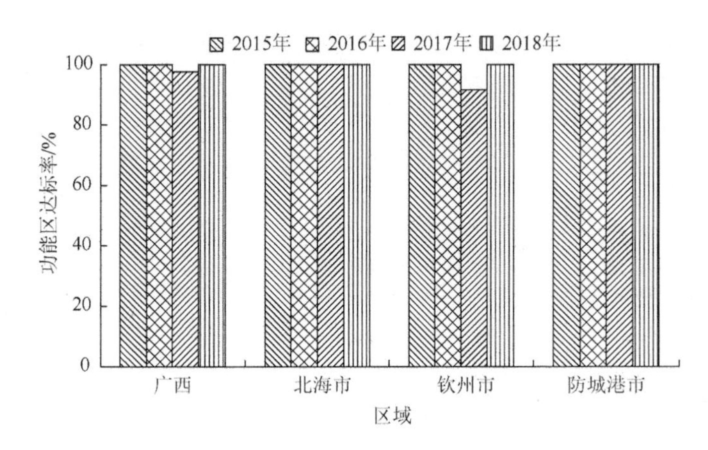

图 3-29 2015～2018 年广西近岸海域沉积物环境功能区达标率

3.4.5 近岸海域环境质量问题分析

1. 近岸海域超标区域和超标因子分析

（1）超标区域

从 2015～2018 年的数据来看，广西各水期及年度平均浓度超过《海水水质标准》（GB 3097—1997）第二类标准的比例在 9.1%（2015 年度平均值）～27.3%（2016 年平水期），年度综合污染指数范围为 2.01～2.43，2015 年较低，2016～2018 年相对平稳。

超标区域主要分布在茅尾海，超标出现频率达 100%；其次是廉州湾，超标出现频率达 50%；再次为铁山港，超标出现频率达 44%；第四是防城港西湾，超标出现频率达 31%；第五是钦州湾外湾和防城港东湾，超标出现频率达 25%；钦州港、珍珠湾、大风江-三娘湾也偶有超标现象发生（表 3-29）。

表 3-29　2015～2018 年广西近岸海域海水环境质量情况

时期	指标	2015 年	2016 年	2017 年	2018 年
枯水期	优良点位比例/%	88.6	86.4	79.5	88.6
	主要污染物	无机氮、活性磷酸盐	pH、无机氮	活性磷酸盐、无机氮、pH	活性磷酸盐、无机氮
	主要超标海域	茅尾海、防城港东湾	茅尾海、廉州湾、珍珠湾	茅尾海、铁山港、廉州湾、防城港东湾、防城港西湾	茅尾海、防城港东湾
丰水期	优良点位比例/%	88.6	75.0	79.5	77.3
	主要污染物	无机氮、活性磷酸盐	pH、活性磷酸盐、无机氮	无机氮、活性磷酸盐、pH	无机氮、活性磷酸盐、pH
	主要污染海域	廉州湾、茅尾海	茅尾海、钦州湾外湾、大风江-三娘湾、铁山港、防城港西湾	茅尾海、钦州湾外湾、铁山港	茅尾海、钦州港、铁山港、廉州湾
平水期	优良点位比例/%	86.4	72.7	88.6	77.3
	主要污染物	pH、无机氮、活性磷酸盐	无机氮、活性磷酸盐、pH	无机氮、活性磷酸盐	活性磷酸盐、无机氮
	主要污染海域	铁山港、廉州湾、茅尾海	茅尾海、钦州湾外湾、铁山港、廉州湾、防城港西湾	茅尾海	茅尾海、钦州港、廉州湾、防城港西湾
年度	优良点位比例/%	90.9	81.8	86.4	81.8
	主要污染物	无机氮、活性磷酸盐	无机氮、活性磷酸盐、pH	无机氮、活性磷酸盐	活性磷酸盐、无机氮、pH
	主要污染海域	茅尾海	茅尾海、钦州湾外湾、铁山港、防城港西湾	茅尾海、防城港东湾	茅尾海、钦州港、廉州湾
	综合污染指数	2.01	2.43	2.37	2.33

（2）超标因子

广西近岸海域主要超标因子是无机氮和活性磷酸盐，超标率均有上升趋势。2009～2018 年广西近岸海域活性磷酸盐污染指数呈显著性上升（图 3-30）。

氮磷的增加导致近岸海域富营养化日渐严重，2018 年茅尾海海域出现重富营养，钦州湾外湾以及廉州湾局部海域出现中度富营养，且 2009～2018 年广西近岸海域富营养化指数呈现上升趋势。海域富营养化为浮游植物生长提供了良好的基础条件，2018 年丰水期钦州湾靠外海域以及犀牛角海域出现浮游植物大量增殖现象，浮游植物细胞丰度达到 105 个/L，存在赤潮暴发的风险。

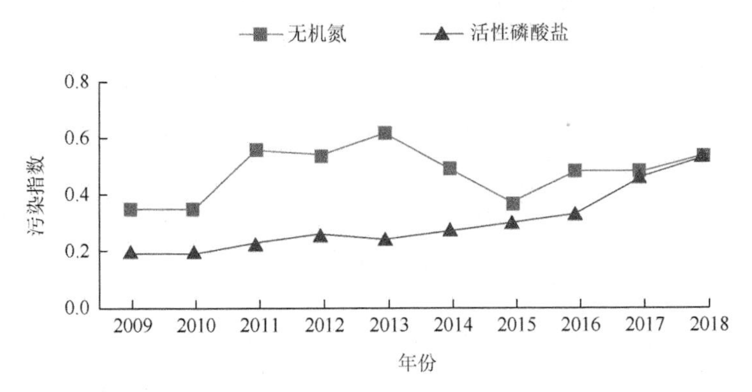

图 3-30　2009～2018 年主要超标因子单因子污染指数

2. 各水期差异分析

从 2015～2018 年各水期（第一期为枯水期、第二期为丰水期、第三期为平水期）水质比例情况可以看出（图 3-31～图 3-33），丰水期广西近岸海域海水总体水质较差。水质较差区域集中在沿岸、河口。

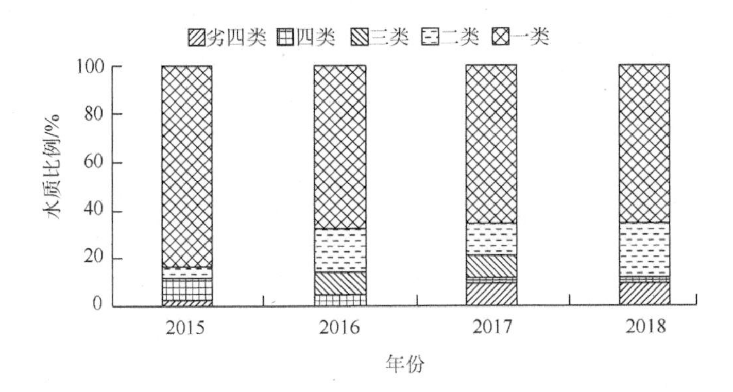

图 3-31　2015～2018 年枯水期海水水质比例情况

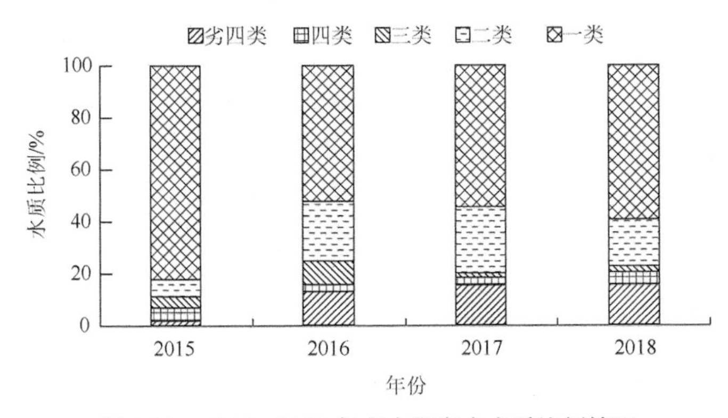

图 3-32　2015～2018 年丰水期海水水质比例情况

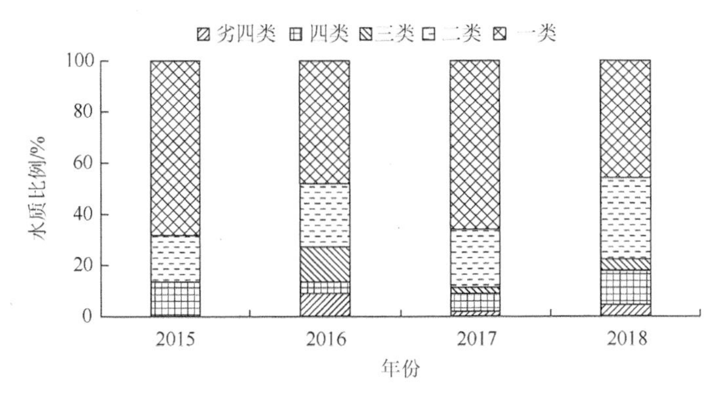

图 3-33　2015～2018 年平水期海水水质比例情况

3.5　土壤环境质量状况分析

根据用途，土地可分为农用地、建设用地和未利用地，其中农用地是指《土地利用现状分类》（GB/T 21010—2017）中的 01 耕地（0101 水田、0102 水浇地、0103 旱地）、02 园地和 04 草地（0401 天然牧草地、0403 人工牧草地）；建设用地是指建造建筑物、构筑物的土地，包括城乡住宅和公共设施用地，工矿用地，能源、交通、水利、通信等基础设施用地，旅游用地，军事用地等。农用地土壤环境质量影响农产品安全，建设用地土壤环境质量关乎人居环境安全。本节主要从农用地和建设用地这两个方面分析广西土壤环境质量状况。

3.5.1　农用地土壤环境质量状况

广西土地面积为 23.76 万 km^2，据广西第三次国土调查主要数据公报，林地面积为 1609.53 万公顷，草地面积为 27.62 万公顷，水域及水利设施用地面积为 74.90 万公顷。耕地面积为 330.76 万公顷（4961.46 万亩①），其中，水田 162.79 万公顷（2441.84 万亩），占 49.22%；旱地 167.17 万公顷（2507.64 万亩），占 50.54%；水浇地 0.80 万公顷（11.98 万亩），占 0.24%。园地面积为 167.03 万公顷（2505.37 万亩），其中，果园 116.33 万公顷（1744.94 万亩），占 69.65%；其他园地 47.55 万公顷（713.18 万亩），占 28.47%；茶园 3.10 万公顷（46.50 万亩），占 1.85%；橡胶园 0.05 万公顷（0.75 万亩），占 0.03%。

“十三五”期间主要农作物面积总体保持稳定，2018 年，稻谷产量为 1016.00 万 t，甘蔗产量为 7292.76 万 t，园林水果产量为 1790.55 万 t。

① 1 亩≈666.7m^2。

广西土壤偏酸性，土壤环境总体良好，局部区域存在土壤污染，以重金属为主，有机物污染程度相对较轻。桂中、桂西地区的岩溶区属于重金属地质高背景区，土壤重金属含量偏高。受矿业开发活动影响，矿业集中区典型污染企业和矿区周边土壤受镉、砷、锰、铬、镍等重金属污染较明显。影响农用地土壤环境质量的因素主要分为自然因素和人为干扰因素。其中自然因素为成土母质影响，人为干扰因素为工业企业污染排放、农业面源污染等方面的影响。

1. 成土母质影响

广西成土母质（岩）种类繁多，不同成土母质（岩）形成的土壤中，重金属元素含量以及表生行为有所差异。分布面积最大的成土母质为碳酸盐岩（岩溶区），其岩性主要有灰岩、白云岩。主要分布在桂中、桂西南、桂北，桂东北和桂西也有小面积分布，面积约为 7 万 km^2，约占全区面积的 30%。刘鸿雁等《地球化学高背景农田土壤重金属镉的累积效应及环境影响》研究表明，西南喀斯特碳酸盐岩区土壤镉的背景值远高于全国平均值。《中国土壤元素背景值》显示，重金属镉在土壤类型统计单元中以石灰（岩）土背景值最大，西南三省土壤镉的背景值分别为贵州 0.015～2.977mg/kg、广西 0.005～1.263mg/kg、云南 0.011～0.959mg/kg，西南岩溶地区远高于全国平均值。根据《中国土壤元素背景值》，相对于全国来说，广西表层土壤偏酸性，除锌、镍、铅外，镉、汞、砷、铬、铜等重金属元素含量均高于全国平均水平（表 3-30）。

表 3-30　广西与全国土壤重金属几何均值含量　　（单位：mg/kg）

区域	pH	镉	汞	砷	铅	铬	铜	锌	镍
广西	5.2	0.079	0.101	13.4	20.5	64.3	21.1	59.7	17.4
全国	6.5	0.074	0.040	9.2	23.6	53.9	20.0	67.7	23.4

2. 工业企业污染排放

工业企业污染排放是企业周边农用地土壤污染的主要来源之一。工业生产过程中的污染物可通过大气沉降扩散到矿区周边区域，也可通过雨水冲淋和地表径流等作用进入周边土壤，造成部分区域出现土壤环境质量下降的现象，尤其是在重污染企业、工业密集区、工矿开采区及周边地区、部分城市和城郊地区出现了土壤重污染区和高风险区。

3. 农业面源污染

农业面源污染是指农业生产过程中由于化肥、农药、地膜等化学投入品不合理使用，以及畜禽水产养殖废弃物、农作物秸秆等处理不及时或不当所产生的氮、磷、有机质等营养物质，在降雨和地形的共同驱动下，以地表、地下径流和土壤侵蚀为载体，在土壤中过量累积或进入受纳水体，对生态环境造成的污染。

广西农业面源对土壤污染的主要类型：一是化肥，尤其是果园和设施蔬菜化肥过量施用现象较为突出，施用不当导致土壤重金属污染；二是农药，农药内含的对农用地土壤产生影响的主要重金属元素是铜和锌，因国家已全面禁止生产含砷、汞及铅农药，铜和锌主要用来生产杀菌剂，影响相对较小；三是废旧地膜，当季农用地膜回收率尚不足三分之二，农田“白色污染”问题日益凸显。

3.5.2 建设用地土壤环境质量状况

1. 重点行业企业数量及分布

截至 2020 年，广西土壤污染重点行业企业 2 556 家，各市均有分布，主要集中在桂林、百色、南宁、柳州等市（表 3-31）。从行业类型来看，有色金属矿采选业、化学原料和化学制品制造业、黑色金属矿采选业、黑色金属冶炼和压延加工业、有色金属冶炼和压延加工业等行业企业地块数较多，累计占比 80%。

表 3-31 广西重点行业企业污染源类型及数量

序号	行业大类	数量/家	序号	行业大类	数量/家
1	有色金属矿采选业	665	10	造纸和纸制品业	44
2	化学原料和化学制品制造业	404	11	石油加工、炼焦和核燃料加工业	40
3	黑色金属矿采选业	387	12	皮革、毛皮、羽毛及其制品和制鞋业	39
4	黑色金属冶炼和压延加工业	318	13	纺织业	30
5	有色金属冶炼和压延加工业	207	14	电气机械和器材制造业	27
6	金属制品业	96	15	仓储业	16
7	公共设施管理业	69	16	化学纤维制造业	2
8	医药制造业	66	17	石油和天然气开采业	4
9	生态保护和环境治理业	63	18	其他	79

重点行业企业生产经营活动中“三废”排放、有毒有害物质的“跑冒滴漏”等都可能导致土壤污染。特别是投产时间、生产经营活动时间长的企业，由于对

土壤污染防治重视度不够，投入不足，造成的污染更重。重点行业企业用地调查相关数据表明，广西重点行业企业用地土壤污染物以重金属及无机污染物为主，主要为砷、铅、镉、锑等；有机污染物在化工类地块检出比例较高，主要为多环芳烃、石油烃和持久性有机污染物（二噁英等）。生产企业土壤污染对职工的身体健康造成威胁，通过地下水迁移扩散，会导致地下水环境质量的恶化，从而影响周边环境及居民健康。已关闭搬迁的企业地块土壤污染，也存在影响未来人居环境的安全风险。

2. *污染地块数量及分布*

根据《污染地块土壤环境管理办法》，疑似污染地块是指从事过有色金属冶炼、石油加工、化工、焦化、电镀、制革等行业生产经营活动，以及从事过危险废物贮存、利用、处置活动的用地。污染地块是指确认已超过国家技术规范有关土壤环境标准的疑似污染地块。疑似污染地块和污染地块主要针对关闭搬迁企业地块，相关活动信息需按照规定通过全国污染地块土壤环境管理信息系统提交。截至2020年底，广西共有24个疑似污染地块、90个污染地块（表3-32），其中，河池市污染地块数量最多。

表 3-32　广西各市疑似污染地块和污染地块数量

城市	疑似污染地块数量/个	污染地块数量/个
南宁市	1	4
柳州市	10	16
梧州市	3	1
北海市	0	2
防城港市	0	9
钦州市	0	4
贵港市	2	3
玉林市	0	2
百色市	2	3
贺州市	1	13
河池市	4	31
来宾市	1	2
崇左市	0	0
桂林市	0	0
合计	24	90

3.6 声环境质量状况分析

3.6.1 监测概况与评价方法

2018 年，广西 14 个设区市共布设 1697 个城市区域声环境质量监测点位，监测网格覆盖面积达 722.0km^2。全年开展 1 次城市区域声环境质量昼间监测和 1 次夜间监测，每个监测点位测量 10min。

广西 14 个设区市共布设 498 个城市道路交通声环境质量监测点位，监测干线总长度为 872.9km。全年开展 1 次昼间道路交通声环境质量监测和 1 次夜间道路交通声环境质量监测，每个监测点位测量 20min。

广西南宁市、柳州市、桂林市、北海市、贵港市和河池市 6 个设区市开展城市功能区声环境监测，共设置监测点位 40 个。城市功能区声环境质量监测每季度开展 1 次，每个监测点位每次连续监测 24h。

评价标准依据《声环境质量标准》（GB 3096—2008）和《环境噪声监测技术规范 城市声环境常规监测》（HJ 640—2012）。

3.6.2 2018 年声环境质量状况分析

1. 城市区域声环境质量状况

2018 年，广西城市区域昼间声环境质量等效声级平均值为 54.5 dB（A），质量等级为“二级”；城市区域夜间声环境质量等效声级平均值为 46.5 dB（A），质量等级为“三级”，详见图 3-34。

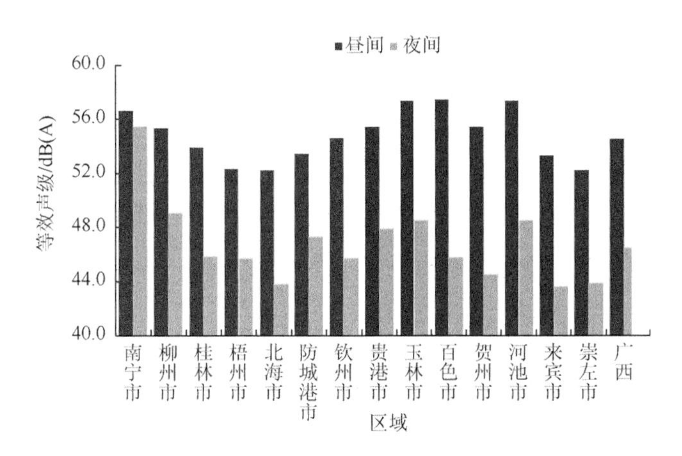

图 3-34 2018 年广西城市区域声环境质量平均等效声级

在 14 个设区市中，城市区域昼间声环境质量达到“二级”水平的城市占57.1%，达“三级”水平的城市占 42.9%（表 3-33）。

表 3-33　2018 年广西城市区域昼间声环境质量等级

	昼间声环境质量等级				
	一级	二级	三级	四级	五级
等效声级/dB（A）	≤50.0	50.1～55.0	55.1～60.0	60.1～65.0	＞65.0
质量等级比例/%	0	57.1	42.9	0	0
设区市名称	—	桂林、梧州、北海、防城港、钦州、河池、来宾、崇左	南宁、柳州、贵港、玉林、百色、贺州	—	—

在 14 个设区市中，城市区域夜间声环境质量达到“二级”水平的城市占35.7%，达“三级”水平的城市占 57.1%，达“五级”水平的城市占 7.1%（表 3-34）。

表 3-34　2018 年广西城市区域夜间声环境质量等级

	夜间声环境质量等级				
	一级	二级	三级	四级	五级
等效声级/dB（A）	≤40.0	40.1～45.0	45.1～50.0	50.1～55.0	＞55.0
质量等级比例/%	0	35.7	57.1	0	7.2
设区市名称	—	北海、贺州、河池、来宾、崇左	柳州、桂林、梧州、防城港、钦州、玉林、百色、贵港	—	南宁

2. 城市道路交通声环境质量状况

2018 年，广西城市道路交通昼间声环境等效声级平均值为 66.7 dB（A），质量等级为“一级”；城市道路夜间声环境质量等效声级平均值为 59.5 dB（A），质量等级为“二级”（图 3-35）。

在 14 个设区市中，城市道路交通昼间声环境质量达到“一级”水平的城市占71.4%，达“二级”水平的城市占 28.6%（表 3-35）。

表 3-35　2018 年广西城市道路交通昼间声环境质量等级

	昼间声环境质量等级				
	一级	二级	三级	四级	五级
等效声级/dB（A）	≤68.0	68.1～70.0	70.1～72.0	72.1～74.0	＞74.0
质量等级比例/%	71.4	28.6	0	0	0
设区市名称	柳州、梧州、北海、防城港、钦州、贵港、贺州、河池、来宾、崇左	南宁、桂林、玉林、百色	—	—	—

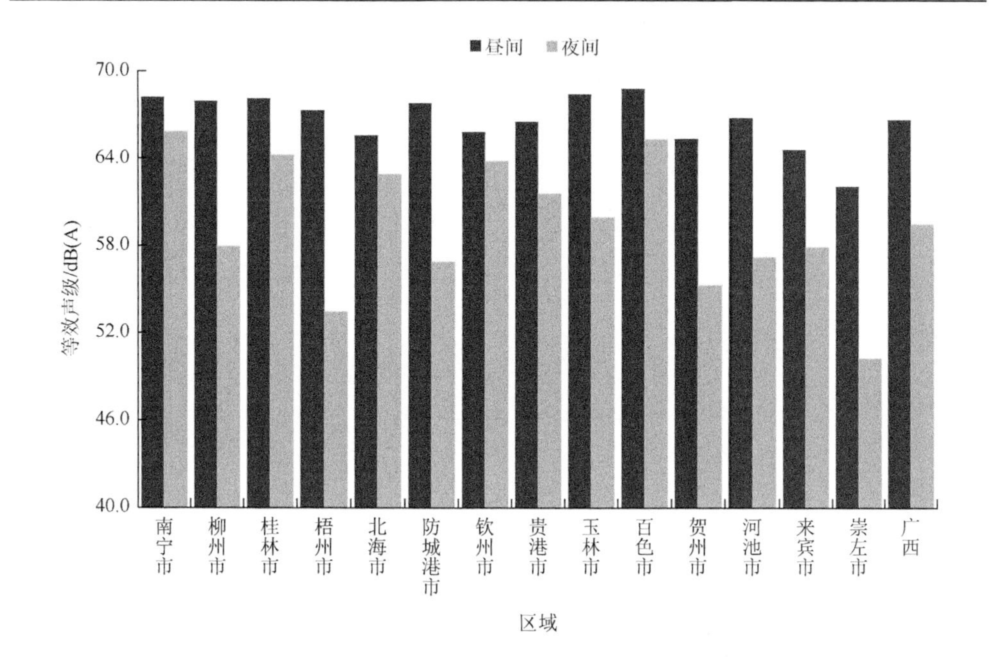

图 3-35　2018 年广西城市道路交通声环境质量平均等效声级

在 14 个设区市中，城市道路交通夜间声环境质量达到“一级”水平的城市占 42.9%，达“二级”水平的城市占 14.3%（表 3-36）。

表 3-36　2018 年广西城市道路交通夜间声环境质量等级

	夜间声环境质量等级				
	一级	二级	三级	四级	五级
等效声级/dB（A）	≤58.0	58.1～60.0	60.1～62.0	62.1～64.0	＞64.0
质量等级比例/%	42.9	14.3	7.1	14.3	21.4
设区市名称	梧州、防城港、贺州、河池、来宾、崇左	柳州、玉林	贵港	北海、钦州	南宁、桂林、百色

3. 城市功能区声环境质量状况

2018 年，6 个设区市开展城市功能区声环境监测，共监测 320 点次，其中昼间、夜间各监测 160 点次。昼间共有 151 个监测点次达标，监测点次达标率为 94.4%；夜间共有 123 个监测点次达标，监测点次达标率为 76.9%（表 3-37）。

表 3-37　2018 年广西城市功能区监测点次达标率情况

城市	功能区类别											
	1 类区（居住区）			2 类区（混合区）			3 类区（工业区）			4 类区（交通干线两侧区域）		
	监测点次	昼间达标率/%	夜间达标率/%	监测点次	昼间达标率/%	夜间达标率/%	监测点次	昼间达标率/%	夜间达标率/%	监测点次	昼间达标率/%	夜间达标率/%
南宁市	4	50.0	25.0	12	83.3	66.7	4	100.0	0.0	8	100.0	0.0
柳州市	4	100.0	75.0	12	100.0	91.7	4	100.0	100.0	4	100.0	100.0
桂林市	8	100.0	75.0	20	95.0	90.0	4	100.0	100.0	8	100.0	0.0
北海市	8	100.0	100.0	4	100.0	100.0	4	100.0	100.0	4	100.0	100.0
贵港市	8	75.0	87.5	8	87.5	62.5	8	87.5	100.0	8	100.0	100.0
河池市	4	100.0	100.0	4	100.0	100.0	4	100.0	100.0	4	100.0	100.0

城市功能区 1 类区昼夜各监测 36 点次，昼间监测点次达标率为 88.9%，夜间监测点次达标率为 80.6%；2 类区昼夜各监测 60 点次，昼间监测点次达标率为 93.3%，夜间监测点次达标率为 83.3%；3 类区昼夜各监测 28 点次，昼间监测点次达标率为 96.4%，夜间监测点次达标率为 85.7%；4 类区昼夜各监测 36 点次，昼间监测点次达标率为 100%，夜间监测点次达标率为 55.6%。总体来看，广西城市功能区昼间监测点次达标率高于夜间（图 3-36）。

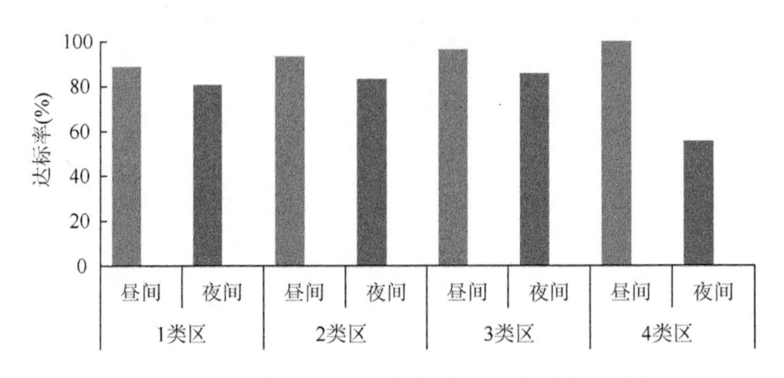

图 3-36　2018 年广西城市各类功能区监测点次达标率

3.6.3　2015～2018 年声环境质量变化趋势分析

1. 城市区域昼间声环境质量变化趋势

从广西城市区域昼间声环境质量变化趋势图（图 3-37）可以看出，2015～2018 年，城市区域昼间声环境质量等效声级有降低趋势的为柳州、梧州、来宾和崇左等；城市区域昼间声环境质量等效声级略有增加趋势的为南宁、百色等；其他地区呈不规则变化。总体来看，广西城市区域昼间声环境质量等级除 2015 年处于“三级”水平外，2016～2018 年均处于二级水平。

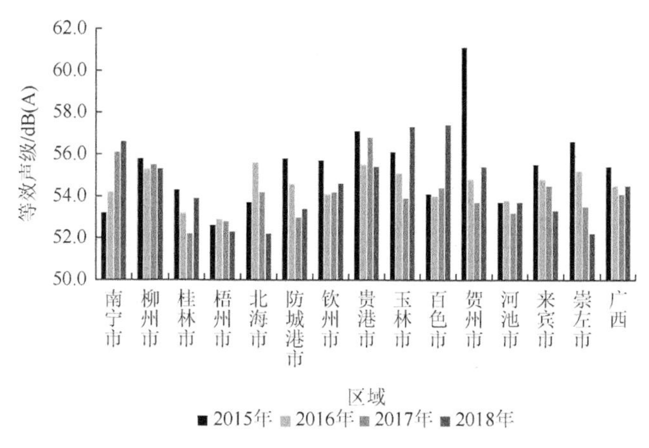

图 3-37　广西城市区域声环境质量变化趋势图

2. 城市道路交通昼间声环境质量变化趋势

从广西城市道路交通昼间声环境质量变化趋势图（图 3-38）可以看出，2015～2018 年，城市道路交通昼间声环境质量等效声级有下降趋势的为桂林、钦州、贺州等；城市道路交通昼间声环境质量等效声级略有增加趋势的为南宁、北海、防城港等；其他地区呈不规则变化。总体来看，广西城市道路交通昼间声环境质量好，2015～2018 年广西整体处于“一级”水平。

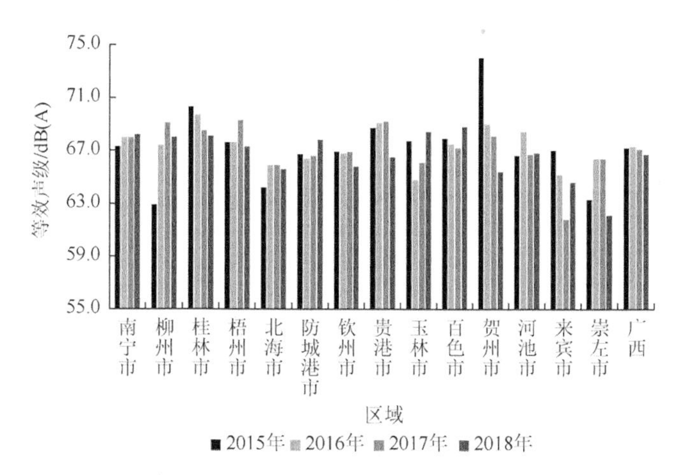

图 3-38 广西城市道路交通昼间声环境质量变化趋势图

3. 城市功能区声环境质量变化趋势

2015～2018年中，2017年城市各类功能区声环境昼间监测点次综合达标率较高。其中1类区2016年、2017年的功能区昼间监测点次达标率较高；2类区2017年、2018年的昼间点次达标率较高；3类区2015～2017年的监测点次达标率高达100%；4类区监测点位达标率94.4%以上（表3-38）。

表3-38　2015～2018年广西城市各类功能区昼间监测点次达标率

功能区	达标率/%			
	2015年	2016年	2017年	2018年
0类区	100.0	—	—	—
1类区	78.6	94.4	94.4	88.9
2类区	92.3	91.7	93.3	93.3
3类区	100.0	100.0	100.0	96.4
4类区	94.4	97.2	97.2	100.0

2015～2018年中，2017年城市各类功能区声环境夜间监测点次综合达标率较高。其中1、2类区为2017年最高；3类区为2018年最高；4类区变化幅度不大，2017年较低（表3-39）。

表3-39　2015～2018年广西城市各类功能区夜间监测点次达标率

功能区	达标率/%			
	2015年	2016年	2017年	2018年
0类区	100.0	—	—	—
1类区	78.6	88.9	91.7	80.6
2类区	82.7	85.0	93.3	83.3
3类区	78.6	82.1	82.1	85.7
4类区	55.6	55.6	52.8	55.6

3.6.4　声环境质量特征及相关性分析

1. 城市区域环境噪声声源构成分析

2015～2018年城市区域环境噪声声源构成分析结果显示：广西城市区域噪声的声源构成以生活类声源为主，交通类声源次之，工业、施工和其他类别的声源所占比例较低。说明随着城市建成区面积和人口密度的增大，生活类噪声的污染已成为城市的主要噪声声源，严重影响人们的工作和生活。噪声声源构成比例见图 3-39。

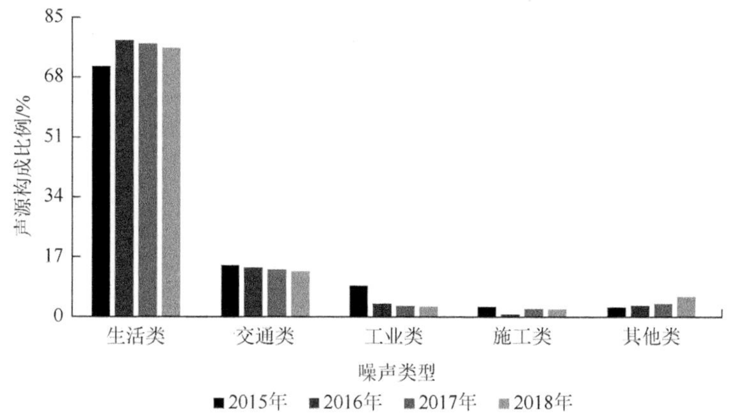

图 3-39　2015～2018 年城市区域环境噪声声源构成分析

2. 城市区域声环境质量与人口密度的相关性分析

人口密度是造成社会生活噪声污染的重要因素。为进一步了解城市区域声环境质量与人口密度之间的关系，对 2015～2017 年的广西各城市区域声环境等效声级与当地人口密度做线性相关性分析，采用皮尔逊相关系数公式计算出相关系数 r 为 0.2161，说明城市区域声环境质量与人口密度两者之间具有正相关性。

为了更直观地看出各城市区域声环境等效声级与当地人口密度之间的关系，绘制声环境等效声级与人口密度变化散点图（图 3-40）。由图可见，广西各城市区域声环境等效声级与人口密度呈正相关，当地人口密度越大，城市区域声环境等效声级越大。

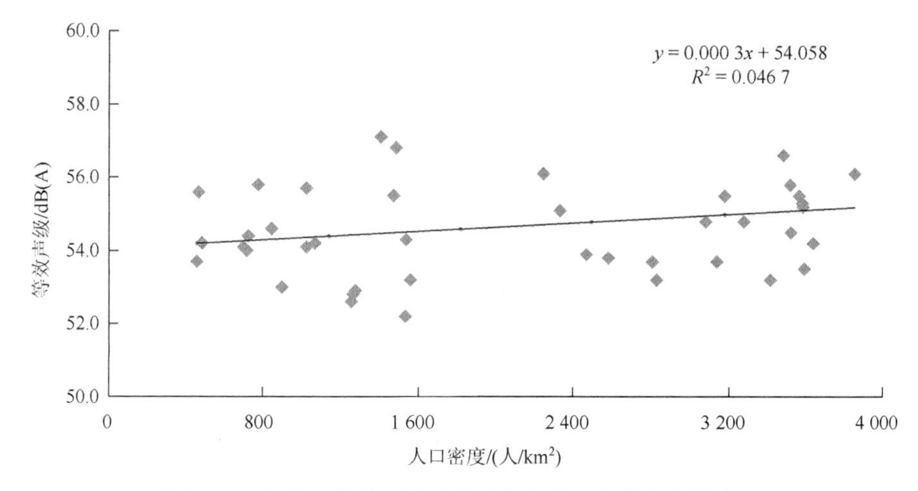

图 3-40　城市区域声环境等效声级与人口密度变化散点图

3. 城市道路交通声环境质量与汽车保有量的相关性分析

近年来，城市汽车保有量逐年上升，城市道路交通噪声污染也日益严重，尤其是道路两侧居住区受影响最大。为进一步了解城市道路交通声环境质量与汽车保有量之间的关系，对 2015 年、2016 年广西各城市道路交通声环境等效声级与汽车保有量做线性相关性分析，采用皮尔逊相关系数公式计算出相关系数 r 为 0.1426，说明城市道路交通声环境质量与汽车保有量两者之间具有正相关性。

为了更直观地看出各城市道路交通声环境等效声级与当地汽车保有量之间的关系，绘制声环境等效声级与汽车保有量变化散点图（图 3-41）。由图可见，当地汽车保有量越大，城市道路交通声环境等效声级的平均值就越大。

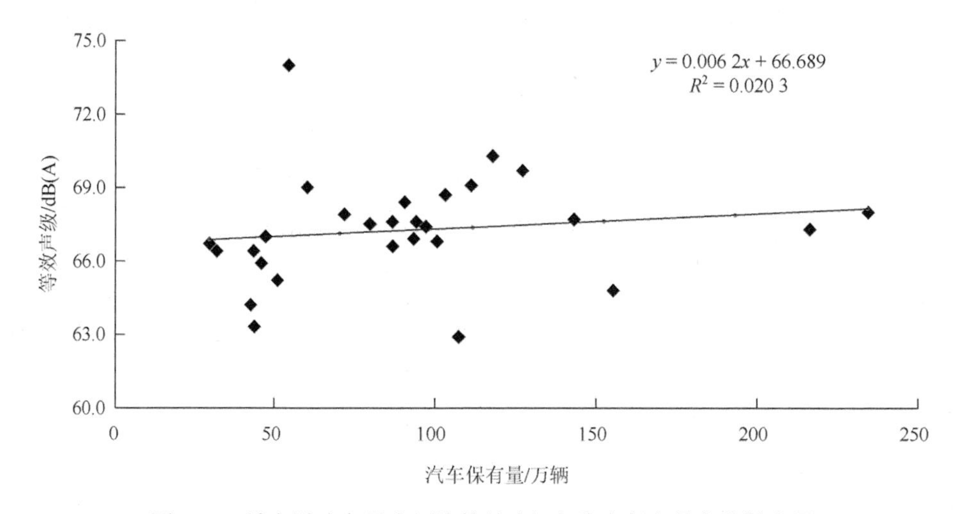

图 3-41　城市道路交通声环境等效声级与汽车保有量变化散点图

4. 城市道路交通声环境质量与车流量的相关性分析

车流量的大小也是影响城市道路交通声环境的一个因素。为进一步了解城市道路交通声环境质量与道路车流量之间的关系，对 2015～2017 年广西各城市道路交通声环境等效声级与车流量做线性相关性分析，采用皮尔逊相关系数公式计算出相关系数 r 为 0.1732，说明城市道路交通声环境质量与车流量之间具有正相关性。

为了更直观地看出各城市道路交通声环境等效声级与车流量之间的关系，绘制声环境等效声级与车流量变化散点图（图 3-42）。由图可见，车流量越大，城市道路交通声环境等效声级的平均值就越大。

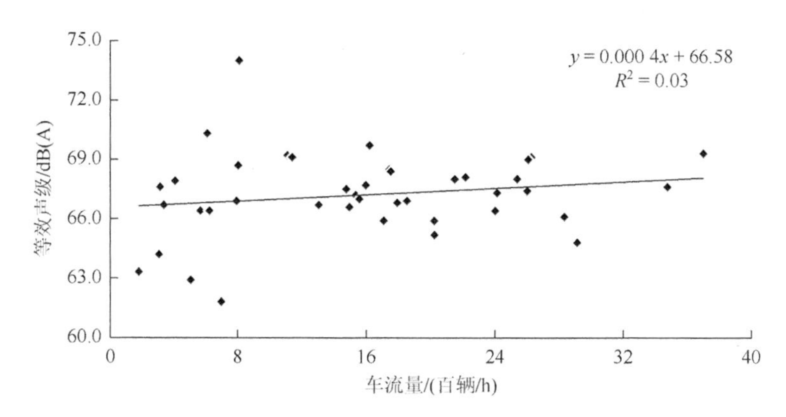

图 3-42　城市道路交通声环境等效声级与车流量变化散点图

3.7　生态环境状况分析

利用 Landsat 8、资源三号、高分一号、高分二号、北京一号、北京二号和北京三号卫星 2015～2017 年的影像数据，综合运用遥感监测、地面监测等方式，对广西全区生态环境状况开展遥感监测。按照《生态环境状况评价技术规范》（HJ 192—2015），利用生态环境状况指数（ecological index，EI）对广西市域、县域生态环境状况进行评价，根据生态环境状况指数，将生态环境状况分为优（$EI \geqslant 75$）、良（$55 \leqslant EI < 75$）、一般（$35 \leqslant EI < 55$）、较差（$20 \leqslant EI < 35$）、差（$EI < 20$）5 级。根据生态环境状况指数与基准值的变化情况，将生态环境状况变化幅度分为无明显变化（$|\Delta EI| < 1$）、略微变化（好或差，$1 \leqslant |\Delta EI| < 3$）、明显变化（好或差，$3 \leqslant |\Delta EI| < 8$）、显著变化（好或差，$|\Delta EI| \geqslant 8$）4 级，对 2015～2017 年的生态环境状况变化情况进行比较分析。

3.7.1　广西全区生态环境状况

2018 年，全区生态环境状况指数值为 79.7，生态环境状况为优。生物丰度指数为 76.7，植被覆盖指数为 90.6，水网密度指数为 69.6，土地胁迫指数为 10.0，污染负荷指数为 37.8。

根据生态遥感解译结果，广西主要土地利用类型有耕地、林地、草地、水域、城乡居民点和工矿用地以及未利用土地 6 类，面积分别为 49 733.1km^2、169 982.4km^2、310.8km^2、7422.0km^2、10 110.6km^2、76.7km^2，其中林地面积占比为 71.6%，耕地面积占比为 20.9%，城乡居民点和工矿用地面积占比为 4.3%，水域面积占比为 3.1%，草地、未利用土地占比较小，约为 0.1%。

通过计算局部多项式插值可知，桂林北部、贺州、梧州一带，以及柳州、河池、百色一带生态环境状况指数较高，桂林市区、南宁、崇左一带、北海等地区为生态环境状况指数的低谷。生态状况大体呈现四周优于中间、东部优于西部、北部优于南部的空间分布特征。

3.7.2 广西市域生态环境状况

2018 年，14 个设区市生态环境状况指数在 68.4～87.9，其中 12 个设区市生态环境状况为优，占广西土地面积的 85.3%；南宁、玉林 2 个设区市生态环境状况为良，占广西土地面积的 14.7%。南宁市由于污染负荷指数、土地胁迫指数偏高，生物丰度指数相对偏低，影响生态环境总体状况，生态环境状况为良；玉林市生态环境状况为良的原因主要为土地胁迫指数较高。

2018 年，各设区市生物丰度指数值为 54.1～90.5，最高为河池，最低为北海；植被覆盖指数值为 79.2～92.4，最高为河池，最低为北海；水网密度指数值为 54.1～100.0，最高为防城港和北海，最低为崇左；土地胁迫指数值为 7.2～14.7，最高为钦州，最低为来宾。污染负荷指数值为 10.1～87.9，最高为南宁，最低为崇左（图 3-43）。

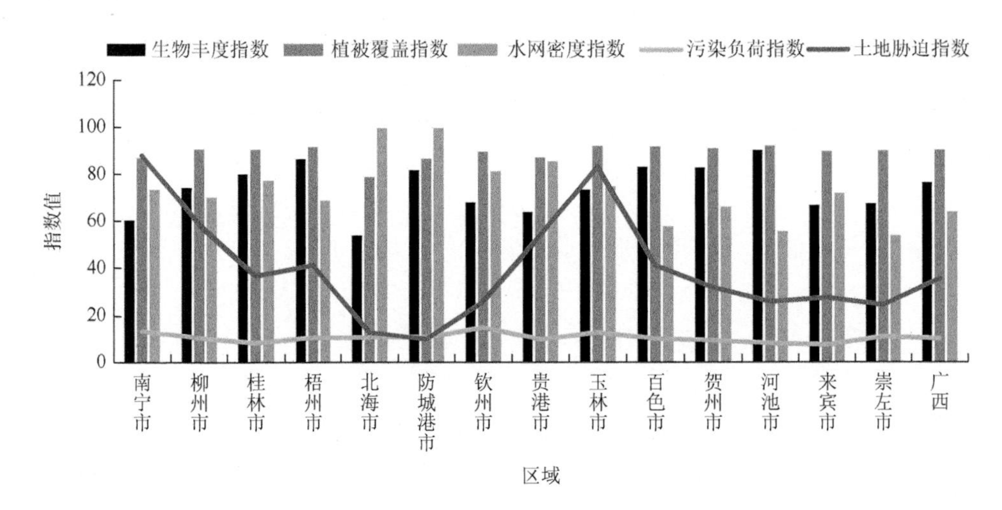

图 3-43 2018 年广西及各设区市生态环境状况指数及分指数情况

3.7.3 广西县域生态环境状况

2018 年，109 个县域生态环境状况指数范围为 56.4～91.9，生态环境状况优良。其中有 71 个县域生态环境状况为优，占广西土地面积的 79.5%；38 个县生态环境状况为良，占广西土地面积的 20.5%。百色、河池 2 市的县（市、区）生态环境状况均为优，生态环境状况良的县域主要分布在南宁、崇左、来宾、玉林、贵港、柳州等市辖城区。

1. 县域生物丰度指数状况

2018 年，109 个县域生物丰度指数范围为 34.9～97.7，最高值为金秀瑶族自治县，最低值为北海海城区。参考 ArcGIS 的 Natural Breaks（Jenks）分类方法对广西县域行政单元的生物丰度指数进行分类［（34.9～52.7），差；（52.8～66.4），较差；（66.5～78.0），一般；（78.1～87.5），良；（87.6～97.7），优］，生物丰度指数优的县域有 19 个，差的有 9 个。总体来看，14 个设区市中，生物丰度较差县域主要分布在南宁、来宾、钦州、北海及柳州，生物丰度较好县域主要分布在百色、河池、贺州及防城港。

2. 县域植被覆盖指数状况

2018 年，109 个县域植被覆盖指数范围为 56.1～98.1，最高值为梧州苍梧县，最低值为北海海城区。参考 ArcGIS 的 Natural Breaks（Jenks）分类方法对广西县域行政单元的植被覆盖指数进行分类［（56.1～77.9），差；（78.0～87.0），较差；（87.1～90.3），一般；（90.4～92.9），良；（93.0～98.1），优］，植被覆盖指数优的县域有 18 个，差的有 9 个。总体来看，14 个设区市中，植被覆盖指数差及较差县域主要分布在北海、桂林、南宁、柳州及百色，贺州、梧州、柳州及来宾县域的植被覆盖指数较高。

3. 县域水网密度指数状况

2018 年，109 个县域水网密度指数范围为 42.2～100.0，最高值为桂林临桂区等 15 个市辖区及县，指数值达到 100.0，最低值为崇左天等县。参考 ArcGIS 的 Natural Breaks（Jenks）分类方法对广西县域行政单元的水网密度指数进行分类［（42.2～52.9），差；（53.0～62.9），较差；（63.0～72.8），一般；（72.9～82.4），良；（82.5～100.0），优］，水网密度指数优的县域有 28 个，差的有 15 个。总体来看，桂林、来宾、贵港、玉林、钦州、北海、防城港一带水网密度指数以良和优为主，百色、河池、崇左水网密度相对较差。

4. 县域土地胁迫指数状况

2018 年，109 个县域土地胁迫指数范围为 3.3～25.6，最高值为柳州柳南区，最低值为来宾兴宾区。参考 ArcGIS 的 Natural Breaks（Jenks）分类方法对广西县域行政单元的土地胁迫指数进行分类［（3.3～7.2），低；（7.3～9.8），较低；（9.9～12.9），一般；（13.0～16.4），较高；（16.5～25.6），高］，土地胁迫指数低的县域有 19 个，高的有 15 个。总体来看，城区土地胁迫指数较高，南宁、柳州、玉林、桂林城区土地胁迫指数最高，城镇化是主要的土地胁迫因素。

5. 县域污染负荷指数状况

2018 年，109 个县域污染负荷指数范围为 3.0～100.0，最高值为南宁西乡塘区等15个市辖区及县，最低值为防城港上思县。参考 ArcGIS 的 Natural Breaks（Jenks）分类方法对广西县域行政单元的污染负荷指数进行分类［（3.0～19.9），低；（20.0～33.9），较低；（34.0～49.3），一般；（49.4～76.0），较高；（76.1～100.0），高］，污染负荷指数低的县域有 25 个，高的有 17 个，总体来看，广西污染负荷指数大体呈现西北部、东南部低，中部较高的特征，南宁、玉林、贵港、百色东南部、柳州南部以及桂林城区、河池城区等区域承载的污染物压力较大。

3.7.4 2015～2018 年生态环境状况变化分析

1. 生态环境状况组成结构分析

2015 年广西生态环境状况指数为 71.4，生态环境状况为良，14 个设区市生态环境状况指数范围为 63.0～81.0，均在良以上，其中柳州、桂林、梧州、防城港、贺州 5 市生态环境状况为优；2016 年，广西生态环境状况指数为 74.7，生态环境状况为良，14 个设区市生态环境状况指数范围为 65.7～84.7，均在良以上，其中桂林、梧州、防城港、钦州、贵港、玉林及贺州 7 市生态环境状况为优；2017 年，广西生态环境状况指数为 80.6，生态环境状况为优，14 个设区市生态状况指数范围为 70.9～88.2，其中 12 个设区市生态环境状况为优，南宁、崇左 2 市为良；2018 年，广西生态环境状况指数为 79.7，生态环境状况为优，14 个设区市生态状况指数范围为 68.4～87.9，其中 12 个设区市生态环境状况为优，南宁、玉林 2 市为良。

2. 生态环境状况空间变化

由表 3-40 可知，2015～2018 年，生态环境状况指数达优等级的市域个数为 5～12 个，占广西土地面积的 32.3%～85.3%；达优等级的县域个数为 32～77 个，占广西土地面积的 36.8%～83.6%。4 年间，2017 年市域、县域达优等级的数量最多。

表 3-40　2015～2018 年广西生态环境状况达优等级对比情况

年份	达优等级市/个	占广西土地面积比例/%	达优等级县/个	占广西土地面积比例/%
2015	5	32.3	32	36.8
2016	7	38.9	46	52.5
2017	12	83.4	77	83.6
2018	12	85.3	71	79.5

2015～2018 年，广西生态环境状况指数空间分布情况：设区市以桂东北、桂东和桂南的生态环境状况为优，桂中、桂西和桂西南为良。桂西北的百色、河池 2 市 2017 年也提升为优等级。

4 年间，桂林、梧州、防城港、贺州生态环境状况指数一直为优；柳州 2015 年为优，2016 年降为良，后又升为优；钦州、贵港 2016～2018 年保持优；南宁一直保持良；玉林一直处于波动状态。与 2015 年相比，柳州、桂林、梧州 3 市生态环境状况略微变好，贵港、南宁、玉林、钦州、防城港、贺州 6 市生态环境状况明显变好，北海、百色、河池、来宾、崇左 5 市生态环境状况显著变好。

县域生态环境状况变化趋势与市域大体一致，桂北、桂东以及桂南和桂西北部县域为优，优等级县域逐年向广西中部扩展。

3. 变化趋势分析

2015～2018 年，广西生态环境状况总体呈现上升趋势，等级从良变为优，生态环境状况显著变好。各分指数均呈现变好趋势，其中变化幅度较大的是生物丰度指数，其次为水网密度指数和污染负荷指数，土地胁迫指数相对平稳（表 3-41）。

表 3-41　2015～2018 年广西生态环境状况变化情况

指数	2015 年	2016 年	2017 年	2018 年	变化值	变化幅度
生物丰度指数	61.2	61.4	77.0	76.7	15.5	显著变好
植被覆盖指数	88.2	86.1	88.1	90.6	2.4	略微变好
水网密度指数	60.5	75.4	75.8	69.6	9.1	显著变好
土地胁迫指数	10.1	10.1	10.0	10.0	–0.1	无明显变化
污染负荷指数	46.2	31.1	30.2	37.8	–8.4	显著变好
生态环境状况指数	71.4	74.7	80.6	79.7	8.3	显著变好

通过数据分析表明，广西生物多样性日渐丰富，植被覆盖度持续提升，降水量、水资源量有所增加，土壤受侵蚀的情况保持稳定，主要污染物排放得到有效控制，有利于生态环境状况改善。但 2018 年水网密度指数的下降和污染负荷指数

的反弹，都表明还需继续推进水资源保护、污染物排放控制，防止生态环境状况变差。

3.8　县域生态环境质量综合评价体系

3.8.1　国内外生态环境质量综合评价体系研究进展

1. 欧美生态系统状态评价

2002 年，美国白宫科技政策办公室海因茨中心发布了《美国生态系统状态报告》，旨在对土地、水体和生物资源进行定期的生态系统状况评价。它将美国的六大生态系统根据土地利用类型和植被覆盖情况进行划分，既保证了全国土地覆盖又保证了景观完整性，并通过系统规模、理化条件、生物成分和人类利用等多方面选取合适的技术指标进行量化，以绘制空间分布图和时间趋势图。

美国开展生态系统监测工作的时间早，研究很深，并开发了各种生态指标，但却难以评价国家尺度的生态系统状态和变化趋势，难以指导全国性的环境保护政策制定。为此，美国国家科学研究委员会（National Research Council，NRC）专门研究制定了一套可以体现全国生态系统状态的生态指标体系，该体系基于美国长期生态系统监测理论和实际的研究，注重理论基础和指标选择，在生态系统范围、生态资产和生态功能 3 个方面形成 13 个有效指标，能较好地反映全国的生态状态和变化趋势。

在欧洲，英国开展了国家生态系统评价。该评价由英国环境署牵头，多个政府部门、学术界、非政府组织和私营部门机构的数百名科学家和经济学家参与。它对英国自然环境和生态系统服务的价值和状态进行了一项中立、客观的评价，评价了近 60 年来英国自然环境和为人类提供服务的变化，并且分析了未来导致自然环境和生态服务变化的驱动因素。它评价了生态系统为人类社会、经济和个人提供的有价值的和无价值的各种服务，以及这些服务的变化趋势。该评价首先对英国自然环境和生态系统进行独立、客观的评价，包括现状和价值两个方面；其次评价了近 60 年间自然环境及其服务的变化驱动因子，并且预测其未来的变化趋势；再次，通过评价促进了自然科学与社会科学之间的学科合作，从而加强政策制定，保证更有效地管理自然环境及生态系统服务；最后，通过评价促进了投资者参与环境保护，鼓励不同投资者和团体之间的合作。

2. 联合国千年生态系统评估

2001 年 6 月，联合国千年生态系统评估项目由时任联合国秘书长安南宣布正式启动。该项目旨在帮助各国政府、机构及地区社区更好地管理当地的生态系统，并提供生态系统与人类福祉之间关系的科学信息，其研究框架中的核心内容为生态系统服务功能。联合国千年生态系统评估主要分析生态系统变化的驱动力，特别是人类活动造成的影响；评价生态系统服务对人类福祉的实际影响；不同生态系统服务之间如何权衡利弊；等等。

3. 美国生态评价标准

1992 年 2 月，美国国家环境保护局（United States Environmental Protection Agency，EPA）颁布了《生态风险评价框架》，其主要目的是为制定今后的生态评价技术指南奠定基础。1998 年 3 月，EPA 颁布了《生态风险评价指南》，它的出台可以提高各项目和各区域间生态风险评价的质量，并统一标准。2003 年 5 月，EPA 又颁布了《累积风险评价框架》，具体规定了累积风险的关键词定义、范围，存在的问题、评价过程、方法，风险的不确定性以及为累积性环境风险评估的发展提供重要的指引。

4. 联合国环境规划署的生态评价标准

2004 年，联合国环境规划署颁布了《生态系统调节功能评价指导手册》和《生态系统服务价值转换方法指导手册》。《生态系统调节功能评价指导手册》主要对环境经济价值和生态服务价值评价方法进行分析，面向环境经济学领域的从业人员，作为一种经济价值评价工具用于评价某个地区或某个生态系统在某个时间范围内的调节功能所产生的经济价值。而《生态系统服务价值转换方法指导手册》主要用于生态系统服务价值评价，同时可以为保护组织、政府官员、私营企业者、非政府组织和统计工作者等不同的组织和个人提供生态系统服务价值方面的平台支持。

5. 国内生态评价标准及其应用

2006 年，原国家环境保护总局颁布《生态环境状况评价技术规范（试行）》（HJ/T 192—2006）并于 2006 年 5 月 1 日正式实施。这是我国首个综合性的生态环境评价标准，从生物丰度指数、植被覆盖指数、水网密度指数、土地退化指数和环境质量指数五个方面评价区域生物的丰度、植被覆盖的高低、水的丰富程度、土地退化程度及环境所承载的污染压力，并用生态环境状况指数综合衡量区域的生态环境质量。它运用一个综合数值表示区域生态环境状况，整体刻画评价区域生态环境状态，实现了不同时间内生态质量对比分析，为大尺度环境管理活动提供科学支撑。其主要应用于 2012～2014 年的国家重点生态功能区县域生态环境质量监测评价与考核，为全国 500 多个重点生态功能区县域共 1274 亿元转移支付资金的合理分配提供了技术支持。2014 年国家对《生态环境状况评价技术规范（试行）》（HJ/T 192—2006）进行了修订，形成《生态环境状况评价技术规范》（HJ 192—2015），并于 2015 年 3 月 13 日正式实施。它规定了县域及其以上区域生态环境状况评价指标体系和计算方法、专题生态区生态环境质量评价的指标体系和计算方法作为生态功能区、城市/城市群、自然保护区和农产品主产区生态环境状况的推荐评价方法。相比原试行版的技术规范，新规范的适用范围及适用精度有了大幅提升，适用于我国县级以上区域的生态环境状况及变化趋势评价。生态功能区生态功能评价方法适用于我国各类型生态功能区的生态功能状况及变化趋势评价，城市生态环境质量评价方法适用于我国地级以上城市辖区（不包括所辖县）及城市群生态环境质量状况及变化趋势评价，自然保护区保护状况评价方法适用于我国自然保护区生态环境保护状况及变化趋势评价，农产品主产区生态环境质量评价方法适用于我国农产品主产区生态环境质量状况及变化趋势评价。规范发布后，截至 2018 年，共为全国 800 多个重点生态功能区县域共 2421 亿元转移支付资金的合理分配提供了技术支持。

3.8.2　广西重点生态功能区县域生态环境质量综合评价指标体系

1. 广西重点生态功能区县域生态环境质量综合评价指标体系的构建思路

从 2008 年起，在全国范围内开展重点生态功能区县域生态环境质量评价工作，其主要执行的技术标准为《生态环境状况评价技术规范（试行）》（HJ/T 192—2006）及后续修编的《生态环境状况评价技术规范》（HJ 192—2015）。该项评价工作与考核相结合，为国家重点生态功能区财政转移支付的优化提供了更为科学的技术支撑，从全国范围而言，这个技术规范切实满足了中央财政的转移支付制度实施需求，对进一步提高生态保护政策的针对性、更好地协调地方政府保护与发展的关系具有重要意义。但是由于全国各地的地理跨度、生态状况及监管力度方面存在着诸多差异，这套技术评价体系的实际评价结果难以支撑广西重点生态功能区县域更为精细化的管理，因此，需要研究出台更适应广西管理需求的技术规范优化方案及评价考核管理办法，以便更好地推动各县人民政府加大环境保护和整治力度，调动提升县域生态环境质量的积极性和主动性。

广西在全国《生态环境状况评价技术规范》（HJ 192—2015）的基础上，开展生态环境状况评价考核体系研究，力求形成一套更适合本地实际的综合评价指标体系。

2. 广西重点生态功能区县域生态环境质量综合评价指标体系的构建原则

（1）科学性原则

遵循生态学、地理学等原理，深入分析生态环境的尺度特征、类型特征等并形成生态环境评价指标体系，指标能够真实地反映生态环境基本特征、状况和变化规律。同时，所选评价指标必须具有可比性和定量性。

（2）可行性原则

首先，评价指标的数据能够通过现有的监测、统计或其他手段获取；其次，数据要能够持续更新，以适应管理需求的变化；再次，指标体系简明、定义准确，并能代表和反映生态环境本质特征；最后，指标体系可操作性强，便于推广使用。

（3）可延续性原则

对指标体系进行优化调整时要结合原环境保护部颁布的《生态环境状况评价技术规范》（HJ 192—2015）的主要技术和理论基础，保证数据和评价方法在总体上有延续性。

（4）服务环境管理原则

生态评价是进行生态保护建设和管理的一项基础性工作，是生态系统监测与管理决策之间的关键环节。本项指标体系的构建目的就是客观反映广西生态环境状况，引导各地人民政府加强生态环境保护、建设和管理。

（5）创新性原则

在国家层面，虽然已经有了较为完善的指标体系，但是由于我国幅员辽阔，在不同区域间进行评价时会出现相对较大的差异性，适用性并不是很强。因此，在进行指标体系构建时应结合本区域实际进行有效创新，保证指标体系更契合实际。

3. 广西重点生态功能区县域生态环境质量综合评价指标体系的内容

广西重点生态功能区县域生态环境质量综合评价指标体系分为两大部分：一是广西重点生态功能区产业准入负面清单实施评价指标体系；二是广西重点生态功能区县域生态环境质量监测评价与考核指标体系。生态环境质量监测评价与考核指标体系是生态环境质量综合评价指标体系的主体部分，重点生态功能区产业准入负面清单实施评价指标体系用于对其最终结果进行修正和完善。

这套指标体系在结合广西重点生态功能区产业准入负面清单的评价后，其综合评价结果将能更全面、更客观地反映广西各有关县（市、区）人民政府贯彻实行广西壮族自治区主体功能区规划的力度和广度。

（1）广西重点生态功能区产业准入负面清单实施评价指标体系

广西重点生态功能区产业准入负面清单实施评价指标体系包括评价方法和评

价结果。主要从 3 个方面进行评价，包括负面清单工作的组织实施情况、产业项目实施成效、县域考核工作情况等，总分为 110 分，各项详见表 3-42。

表 3-42　产业准入负面清单实施评分表

编号	项目	分值
1	负面清单工作的组织实施	总分为 40 分
1.1	产业准入负面清单实施的工作部署	30 分
1.1.1	制订工作方案（或分工方案）	5 分
1.1.2	成立工作协调小组	5 分
1.1.3	开展负面清单实施宣传	5 分
1.1.4	开展负面清单实施的监督和排查	15 分
1.2	负面清单中项目的退出、技改和环保设施升级专项资金投入	10 分
2	负面清单中的产业项目实施成效	基准分为 40 分
2.1	当年没有新增限制和禁止类产业项目	40 分
2.2	现有产业项目中有限制和禁止类产业项目退出的	每个加 1 分，最高加 10 分
2.3	当年有新增负面清单中的限制和禁止类产业项目的	每个减 1 分
3	县域考核工作	总分为 20 分
3.1	自查报告的完整性、规范性和真实性	10 分
3.2	数据材料按时报送	10 分
	合计	110 分

产业准入负面清单实施评价结果分为三级，分别为“很好”、“一般”和“较差”，详见表 3-43。

表 3-43　产业准入负面清单实施评价结果分级表

负面清单实施评价结果	得分
很好	80 分以上
一般	60～80 分
较差	60 分以下

（2）广西重点生态功能区县域生态环境质量监测评价与考核指标体系

广西重点生态功能区县域生态环境质量监测评价与考核指标体系包括技术指标和监管指标两部分（表 3-44），技术指标由自然生态指标和环境状况指标组成，突出水土保持和水源涵养。监管指标包括生态环境保护管理指标、自然生态变化详查指标以及人为因素引起的突发环境事件指标 3 部分，其中生态环境保护管理指标和人为因素引起的突发环境事件指标可以根据环境保护管理需要每年进行不同程度的调整。

表 3-44　县域生态环境质量监测评价与考核指标体系构成

指标类型		一级指标	二级指标
技术指标	水土保持	自然生态指标	植被覆盖指数
			生态保护红线区等受保护区域面积所占比例
			林草地覆盖率
			水域湿地覆盖率
			耕地和建设用地比例
			中度及以上土壤侵蚀面积所占比例
		环境状况指标	Ⅲ类及优于Ⅲ类水质达标率
			优良以上空气质量达标率
			集中式饮用水水源地水质达标率
	水源涵养	自然生态指标	水源涵养指数
			林地覆盖率
			草地覆盖率
			水域湿地覆盖率
			耕地和建设用地比例
			生态保护红线区等受保护区域面积所占比例
		环境状况指标	Ⅲ类及优于Ⅲ类水质达标率
			优良以上空气质量达标率
			集中式饮用水水源地水质达标率
监管指标			生态环境保护管理
			自然生态变化详查
			人为因素引起的突发环境事件

1）技术指标

①自然生态指标。

a. 林地覆盖率。

指标解释：指县域内林地（有林地、灌木林地和其他林地）面积占县域土地面积的比例。林地是指生长乔木、竹类、灌木的土地，以及沿海生长的红树林的土地，包括迹地；不包括居民点内部的绿化林木用地，铁路、公路征地范围内的林木及河流沟渠的护堤林。有林地是指郁闭度大于 0.3 的天然林和人工林，包括用材林、经济林、防护林等成片林地；灌木林地指郁闭度大于 0.4、高度在 2m 以下的矮林地和灌丛林地；其他林地包括郁闭度为 0.1～0.3 的疏林地以及果园、茶园、桑园等林地。

计算公式：林地覆盖率 =（有林地面积 + 灌木林地面积 + 其他林地面积）/县域土地面积×100%

b. 草地覆盖率。

指标解释：指县域内草地（高覆盖度草地、中覆盖度草地和低覆盖度草地）面积占县域土地面积的比例。草地是指生长草本植物为主、覆盖度在5%以上的土地，包括以牧为主的灌丛草地和树木郁闭度小于 0.1 的疏林草地；高覆盖度草地是指植被覆盖度大于 50%的天然草地、人工牧草地及树木郁闭度小于 0.1 的疏林草地；中覆盖度草地是指植被覆盖度 20%～50%的天然草地、人工牧草地；低覆盖度草地是指植被覆盖度 5%～20%的草地。

计算公式：草地覆盖率 =（高覆盖度草地面积 + 中覆盖度草地面积 + 低覆盖度草地面积）/县域土地面积×100%

c. 林草地覆盖率。

指标解释：指县域内林地、草地面积之和占县域土地面积的比例。

计算公式：林草地覆盖率 = 林地覆盖率 + 草地覆盖率

d. 水域湿地覆盖率。

指标解释：指县域内河流（渠）、湖泊（库）、滩涂、沼泽地等湿地类型的面积占县域土地面积的比例。水域湿地是指陆地水域、滩涂、沟渠、水利设施等用地，不包括滞洪区和已垦滩涂中的耕地、园地、林地等用地。河流（渠）是指天然形成或人工开挖的线状水体，河流水面是河流常水位岸线之间的水域面积；湖泊（库）是指天然或人工形成的面状水体，包括天然湖泊和人工水库两类；滩涂包括沿海滩涂和内陆滩涂两类，其中沿海滩涂是指沿海大潮高潮位与低潮位之间的潮浸地带，内陆滩涂是指河流湖泊常水位至洪水位间的滩地，时令湖、河流洪水位以下的滩地，水库、坑塘的正常蓄水位与洪水位之间的滩地；沼泽地是指地势平坦低洼，排水不畅，季节性积水或常年积水以生长湿生植物为主的地段。

计算公式：水域湿地覆盖率 = [河流（渠）面积 + 湖泊（库）面积 + 滩涂面积 + 沼泽地面积]/县域土地面积×100%

e. 耕地和建设用地比例。

指标解释：指耕地（包括水田、旱地）和建设用地（包括城镇建设用地、农村居民点及其他建设用地）面积之和占县域土地面积的比例。耕地是指耕种农作物的土地，包括熟耕地、新开地、复垦地和休闲地（含轮歇地、轮作地）；以种植农作物（含蔬菜）为主，间有零星果树、桑树或其他树木的土地；耕种 3 年以上，平均每年能保证收获一季的已垦滩地和海涂；临时种植药材、草皮、花卉、苗木的耕地，以及临时改变用途的耕地。水田是指有水源保证和灌溉设施，在一般年景能正常灌溉，用于种植水稻、莲藕等水生农作物的耕地，也包括实行水生、旱生农作物轮作的耕地。旱地是指无灌溉设施，靠天然降水生长的农作物用地；以及有水源保证和灌溉设施，在一般年景能正常灌溉，种植旱生农作物的耕地；以种植蔬菜为主的耕地，正常轮作的休闲地和轮歇地。建设用地是指城乡居民地（点）及城镇以外的工矿、交通等用地。城镇建设用地是指大、中、小城市及县镇以上的建成区用地；农村居民点是指农村地区农民聚居区；其他建设用地是指独立于城镇以外的厂矿、大型工业区、油田、盐场、采石场等用地以及机场、码头、公路等用地及特殊用地。

计算公式：耕地和建设用地比例＝（水田面积＋旱地面积＋城镇建设用地面积＋农村居民点面积＋其他建设用地面积）/县域土地面积×100%

f. 生态保护红线区等受保护区域面积所占比例。

指标解释：指县域内生态保护红线区、自然保护区等受到严格保护的区域面积占县域土地面积的比例。受保护区域包括生态保护红线区、各级（国家、省、市或县级）自然保护区、（国家或省级）风景名胜区、（国家或省级）森林公园、国家湿地公园、国家地质公园、集中式饮用水水源地保护区。

计算公式：生态保护红线区等受保护区域面积所占比例＝（生态保护红线区面积＋自然保护区面积＋风景名胜区面积＋森林公园面积＋湿地公园面积＋地质公园面积＋集中式饮用水水源地保护区面积）/县域土地面积×100%

g. 中度及以上土壤侵蚀面积所占比例。

指标解释：针对水土保持功能类型县域，侵蚀强度在中度及以上的土壤侵蚀面积之和占县域土地面积的比例。侵蚀强度分类按照水利部发布的《土壤侵蚀分类分级标准》（SL 190—2007），分为微度、轻度、中度、强烈、极强烈和剧烈 6 个等级。

计算公式：中度及以上土壤侵蚀面积所占比例＝（土壤中度侵蚀面积＋土壤强烈侵蚀面积＋土壤极强烈侵蚀面积＋土壤剧烈侵蚀面积）/县域土地面积×100%

h. 植被覆盖指数。

指标解释：指县域内林地、草地、耕地、建设用地和未利用地等土地生态类型的面积占县域土地面积的综合加权比重，用于反映县域植被覆盖的程度。

计算公式：植被覆盖指数＝$A_{植}$×{0.38×（0.6×有林地面积＋0.25×灌木林地面积＋0.15×其他林地面积）＋0.34×（0.6×高盖度草地面积＋0.3×中盖度草地面积＋0.1×低盖度草地面积）＋0.19×（0.7×水田面积＋0.3×旱地面积）＋0.07×（0.3×城镇建设用地面积＋0.4×农村居民点面积＋0.3×其他建设用地面积）＋0.02×（0.2×沙地面积＋0.3×盐碱地面积＋0.3×裸土地面积＋0.2×裸岩面积）}/县域土地面积。其中，$A_{植}$为植被覆盖指数的归一化系数（值为 458.5），以县级尺度的林地、草地、耕地、建设用地等生态类型数据加权，并以 100 除以最大的加权值获得；通过归一化系数将植被覆盖指数值处理为0～100的无量纲数值。

i. 水源涵养指数。

指标解释：指县域内生态系统水源涵养功能的强弱程度，根据县域内林地、草地及水域湿地在水源涵养功能方面的差异进行综合加权获得。

计算公式：水源涵养指数＝$A_{水}$×{0.45×（0.1×河流面积＋0.3×湖库面积＋0.6×沼泽面积）＋0.35×（0.6×有林地面积＋0.25×灌木林地面积＋0.15×其他林地面积）＋0.20×（0.6×高盖度草地面积＋0.3×中盖度草地面积＋0.1×低盖度草地面积）}/县域土地面积。其中，$A_{水}$为水源涵养指数的归一化系数（值为526.7），以县级尺度的林地、草地、水域湿地3种生态类型数据加权，并以100除以最大的加权值获得；通过归一化系数将水源涵养指数值处理为0～100的无量纲数值。

②环境状况指标。

a. Ⅲ类或优于Ⅲ类水质达标率。

指标解释：指县域内所有经认证的水质监测断面中，符合Ⅰ～Ⅲ类水质的监测次数占全部认证断面全年监测总次数的比例。

计算公式：Ⅲ类或优于Ⅲ类水质达标率＝认证断面达标频次之和/认证断面全年监测总频次×100%

b. 集中式饮用水水源地水质达标率。

指标解释：指县域内所有集中式饮用水水源地的水质监测中，符合Ⅰ～Ⅲ类水质的监测次数占全年监测总次数的比例。

计算公式：集中式饮用水水源地水质达标率＝饮用水水源地监测达标频次/饮用水水源地全年监测总频次×100%

c. 优良以上空气质量达标率。

指标解释：指县域内城镇空气质量优良以上的监测天数占全年监测总天数的比例。实施《环境空气质量标准》（GB 3095—2012）及相关技术规范。

计算公式：优良以上空气质量达标率＝空气质量优良天数/全年监测总天数×100%

③评价方法。

a. 县域生态环境状况指数（EI）。

县域生态环境质量采用综合指数法评价，以EI表示县域生态环境质量状况，计算公式为

$$EI = w_{eco}EI_{eco} + w_{env}EI_{env}$$

其中，EI_{eco}为自然生态指标值，w_{eco}为自然生态指标权重，EI_{env}为环境状况指标值，w_{env}为环境状况指标权重。EI_{eco}、EI_{env}分别由各自的二级指标加权获得。

自然生态指标值：
$$EI_{\text{eco}}=\sum_{i=1}^{n}w_i\times X_i'$$

环境状况指标值：
$$EI_{\text{env}}=\sum_{i=1}^{n}w_i\times X_i'$$

其中，w_i为二级指标权重；X_i'为二级指标标准化后的值。

b. 县域生态环境质量状况变化值（$\Delta EI'$）。

以 $\Delta EI'$表示县域生态环境质量状况变化情况，计算公式为

$$\Delta EI'=EI_{\text{评价考核年}}-EI_{\text{基准年}}$$

c. 权重系数。

技术评价指标权重系数详见表 3-45。

表 3-45　技术评价指标权重系数

功能类型	一级指标		二级指标	
	名称	权重	名称	权重
水土保持	自然生态指标	0.7	植被覆盖指数	0.23
			生态保护红线区等受保护区域面积所占比例	0.13
			林草地覆盖率	0.23
			水域湿地覆盖率	0.18
			耕地和建设用地比例	0.13
			中度及以上土壤侵蚀面积所占比例	0.10
	环境状况指标	0.3	Ⅲ类及优于Ⅲ类水质达标率	0.25
			优良以上空气质量达标率	0.40
			集中式饮用水水源地水质达标率	0.35
水源涵养	自然生态指标	0.7	水源涵养指数	0.25
			林地覆盖率	0.15
			草地覆盖率	0.10
			水域湿地覆盖率	0.15
			耕地和建设用地比例	0.15
			生态保护红线区等受保护区域面积所占比例	0.20
	环境状况指标	0.3	Ⅲ类及优于Ⅲ类水质达标率	0.45
			优良以上空气质量达标率	0.25
			集中式饮用水水源地水质达标率	0.30

2）监管指标

监管指标包括生态环境保护管理指标、自然生态变化详查指标以及人为因素引起的突发环境事件指标3个部分。

①生态环境保护管理。

a. 评分方法。

从生态保护成效、环境污染防治、环境基础设施运行、县域考核工作组织4个方面进行量化评价，各项目的分值相加即为该县的生态环境保护管理得分（$EM_{管理}$）。

$EM_{管理}$满分为100分，其中生态保护成效为20分、环境污染防治为40分、环境基础设施运行为20分、县域考核工作组织为20分（表3-46）。本书主要对当前部分指标区分度低、指标过时、指标选定不合理等问题进行了优化，涉及环境污染防治和环境基础设施运行等方面。包括删除原有2.2污染物减排分项，该分项属于评价材料过时的分项，其原有赋分值移动至现有的2.1污染源排放达标率（赋14分）和2.2污染源监管（赋6分），以提高污染源的权重；调整不合理指标，适当降低原有2.3县域产业结构优化调整分项的分数（赋8分），同时优化计算方式，不再设置“超30%即得满分”；取消原有区分度低的环境空气自动站建设及联网情况分项，将其原有赋分移动至3.1城镇生活污水集中处理率与污水处理厂运行（赋10分）和3.2城镇生活垃圾无害化处理率与处理设施运行（赋10分）。

表3-46　生态环境保护管理指标及分值

编号	指标	分值
1	生态保护成效	20分
1.1	生态环境保护创建与管理	5分
1.2	国家级自然保护区建设	5分
1.3	省级自然保护区建设及其生态创建	5分
1.4	生态环境保护与治理支出	5分
2	环境污染防治	40分
2.1	污染源排放达标率	14分
2.2	污染源监管	6分
2.3	县域产业结构优化调整	8分
2.4	农村环境综合整治	12分
3	环境基础设施运行	20分
3.1	城镇生活污水集中处理率与污水处理厂运行	10分
3.2	城镇生活垃圾无害化处理率与处理设施运行	10分

续表

编号	指标	分值
4	县域考核工作组织	20 分
4.1	组织机构和年度实施方案	5 分
4.2	部门分工	5 分
4.3	县级自查	10 分
	合计	100 分

b. 评价方法。

生态环境保护管理评价以省级评分为主，国家抽查。根据每个县域生态环境保护管理得分（$EM_{管理}$），以省为单位将各考核县域的评分值归一化处理为−1.0～＋1.0之间的无量纲值，作为生态环境保护管理评价值，以$EM'_{管理}$表示，公式如下

$$EM'_{管理}=\begin{cases}1\times(EM_{管理}-EM_{avg})/(EM_{max}-EM_{avg}), & 当EM_{管理}\geqslant EM_{avg}时\\ 1\times(EM_{管理}-EM_{avg})/(EM_{avg}-EM_{min}), & 当EM_{管理}<EM_{avg}时\end{cases}$$

其中，EM_{max}为某省县域生态环境保护管理得分的最大值；EM_{min}为某省县域生态环境保护管理得分的最小值；EM_{avg}为某省县域生态环境保护管理得分的均值。

②自然生态变化详查。

自然生态变化详查是通过考核年与基准年高分辨率遥感影像对比分析及无人机遥感核查，查找并验证局部生态系统发生变化的区域，根据变化面积、变化区域重要性确定自然生态变化详查评价值，以$EM'_{无人机}$表示，介于−1.0～＋1.0之间，根据变化面积确定（表3-47）。

表3-47　自然生态变化详查评价

局部自然生态地表变化面积		$EM'_{无人机}$
变化面积＞$5km^2$	破坏	−1
	恢复	＋1
$2km^2$＜变化面积≤$5km^2$	破坏	−0.5
	恢复	＋0.5
0＜变化面积≤$2km^2$	破坏	−0.3
	恢复	＋0.3
未变化		0

对于在生态重要区或极度敏感区（如自然保护区核心区或饮用水水源地保护

区、生态保护红线区等）发现破坏或者往年已发现的生态破坏仍没有好转的，对县域最终考核结果实行一票否决机制，将考核结果直接定为最差一档。

③人为因素引起的突发环境事件。

人为因素引起的突发环境事件起负向评价作用，评价值以 $EM'_{事件}$ 表示，介于−0.5～0 之间。但当县域发生特大、重大环境事件时，会对最终考核结果实行一票否决机制，直接定为最差一档（表 3-48）。

表 3-48　人为因素引起的突发环境事件评价

<table>
<tr><th colspan="2">分级</th><th>$EM'_{事件}$</th><th>判断依据</th><th>说明</th></tr>
<tr><td rowspan="4">突发环境事件</td><td>特大环境事件</td><td rowspan="2">一票否决</td><td rowspan="4">按照《国家突发环境事件应急预案》，在评价考核年被考核县域发生人为因素引发的特大、重大、较大或一般等级的突发环境事件的，若发生一次以上，则以最严重等级为准</td><td rowspan="6">若为同一事件引起的多项扣分，则取扣分最大项，不重复计算</td></tr>
<tr><td>重大环境事件</td></tr>
<tr><td>较大环境事件</td><td>−0.5</td></tr>
<tr><td>一般环境事件</td><td>−0.3</td></tr>
<tr><td>生态环境违法案件</td><td>生态环境部通报生态环境违法事件，或挂牌督办的环境违法案件、纳入区域限批范围等</td><td>−0.5</td><td>考核县域出现由生态环境部通报的环境污染或生态破坏事件、自然保护区等受保护区域生态环境违法事件，或出现由生态环境部挂牌督办的环境违法案件以及纳入区域限批范围等</td></tr>
<tr><td>公众环境投诉</td><td>12369 环保热线举报情况</td><td>−0.5</td><td>考核县域出现经 12369 举报并经有关部门核实的环境污染或生态破坏事件</td></tr>
</table>

3）最终考核结果。

最终考核结果以 ΔEI 表示，由技术评价结果（即县域生态环境质量状况变化值 $\Delta EI'$）、生态环境保护管理评价值（即 $EM'_{管理}$）、自然生态变化详查评价值（即 $EM'_{无人机}$）、人为因素引起的突发环境事件评价值（即 $EM'_{事件}$）4 部分组成，计算公式如下

$$\Delta EI = \Delta EI' + EM'_{管理} + EM'_{无人机} + EM'_{事件}$$

广西重点生态功能区县域生态环境质量监测评价与考核结果分为三类七级。三类分别为“变好”、“基本稳定”和“变差”；七级由好至差分别为“明显变好”“一般变好”“轻微变好”“基本稳定”“轻微变差”“一般变差”“明显变差”；其中“变好”包括“轻微变好”、“一般变好”和“明显变好”，“变差”包括“轻微变差”、“一般变差”和“明显变差”（表 3-49）。

表 3-49　县域生态环境质量监测评价与考核的结果分级

<table>
<tr><th rowspan="3"></th><th colspan="7">质量监测评价与考核结果分级</th></tr>
<tr><th colspan="3">变好</th><th rowspan="2">基本稳定</th><th colspan="3">变差</th></tr>
<tr><th>轻微变好</th><th>一般变好</th><th>明显变好</th><th>轻微变差</th><th>一般变差</th><th>明显变差</th></tr>
<tr><td>最终考核评价值 ΔEI</td><td>$1 \leqslant \Delta EI < 2$</td><td>$2 \leqslant \Delta EI < 4$</td><td>$\Delta EI \geqslant 4$</td><td>$-1 < \Delta EI < 1$</td><td>$-2 < \Delta EI \leqslant -1$</td><td>$-4 < \Delta EI \leqslant -2$</td><td>$\Delta EI \leqslant -4$</td></tr>
</table>

（3）广西重点生态功能区县域生态环境质量综合评价指标体系

1）评价方法

产业准入负面清单实施是手段，生态环境质量是结果。广西重点生态功能区县域生态环境质量综合评价结果是以生态环境质量监测评价与考核的结果为基础，以负面清单实施情况来进行修正。如果产业准入负面清单实施评价结果为“很好”或“一般”，则综合评价结果就和生态环境质量监测评价与考核的结果一致；如果产业准入负面清单实施评价结果为“较差”，则综合评价结果要在生态环境质量监测评价与考核结果的基础上降低一个档次。

2）评价结果

广西重点生态功能区县域生态环境质量综合评价结果同样分为三类七级。三类分别为“变好”、“基本稳定”和“变差”，其中“变好”包括“轻微变好”、“一般变好”和“明显变好”，“变差”包括“轻微变差”、“一般变差”和“明显变差”（表 3-50）。

表 3-50　县域生态环境质量综合评价结果

负面清单实施评价结果	生态环境质量综合评价结果						
	ΔEI 变好			ΔEI 基本稳定	ΔEI 变差		
	轻微变好	一般变好	明显变好		轻微变差	一般变差	明显变差
很好	轻微变好	一般变好	明显变好	基本稳定	轻微变差	一般变差	明显变差
一般	轻微变好	一般变好	明显变好	基本稳定	轻微变差	一般变差	明显变差
较差	基本稳定	轻微变好	一般变好	轻微变差	一般变差	明显变差	明显变差

3.8.3　广西重点生态功能区县域生态环境质量综合评价示例——以昭平县为例

1. 广西重点生态功能区县域生态环境质量综合评价系统的平台构建

2018 年，原广西壮族自治区环境监测中心站和中国科学院地理科学与资源研究所共同开发了一个生态环境质量测评系统实体平台——广西壮族自治区县域生态环境质量考核评价系统（图 3-44）。该系统集数据录入、集成汇总、数据质量考核与生态环境质量考核等功能于一体，可对广西区内国家级和自治区级重点生态功能区县域的历史数据进行有效管理，便于掌握详细、完整的县域生态环境质量状况和进行县域生态环境质量变化趋势分析，同时有助于提升县域生态考核工作的管理水平。

根据所面向的用户和角色的不同，在保证数据统一的前提下，广西壮族自治区县域生态环境质量考核评价系统由相对独立的 3 个子系统（模块）组成，完成全区相关县的数据汇总、核查与生态环境质量变化评价。

图 3-44　广西壮族自治区县域生态环境质量考核评价系统平台界面

①数据审核子系统：完成以县为单位的数据汇总、数据核查，生成数据核查管理相关的图表，格式化核查报告等工作（图 3-45）。

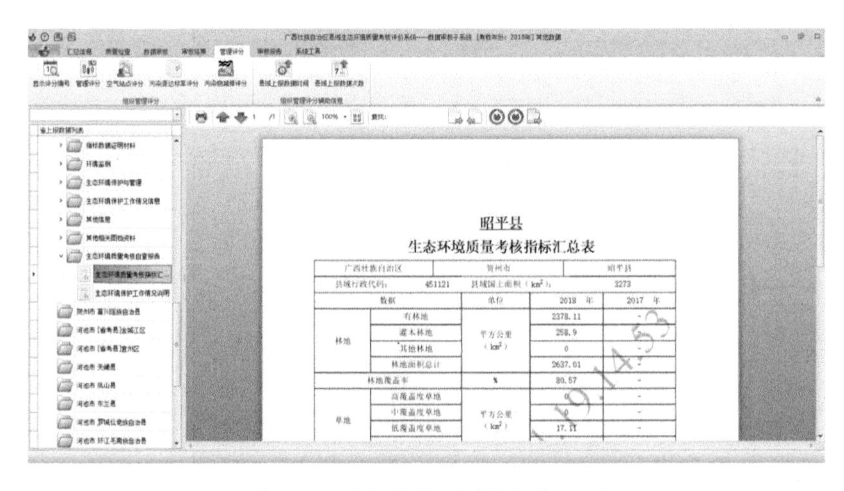

图 3-45　数据审核子系统操作界面

②数据管理子系统：完成各县上报数据的集成入库、基础地理信息数据和遥感数据入库、无效数据的替换、河流断面（空气、污染源和集中式饮用水水源地监测点位）等空间数据生成、生态环境质量评价数据生成、统计汇总表生成、专题地图制图数据生成、河流断面（空气、污染源和集中式饮用水水源地监测点位）更新以及入库数据浏览与导出等工作（图 3-46）。

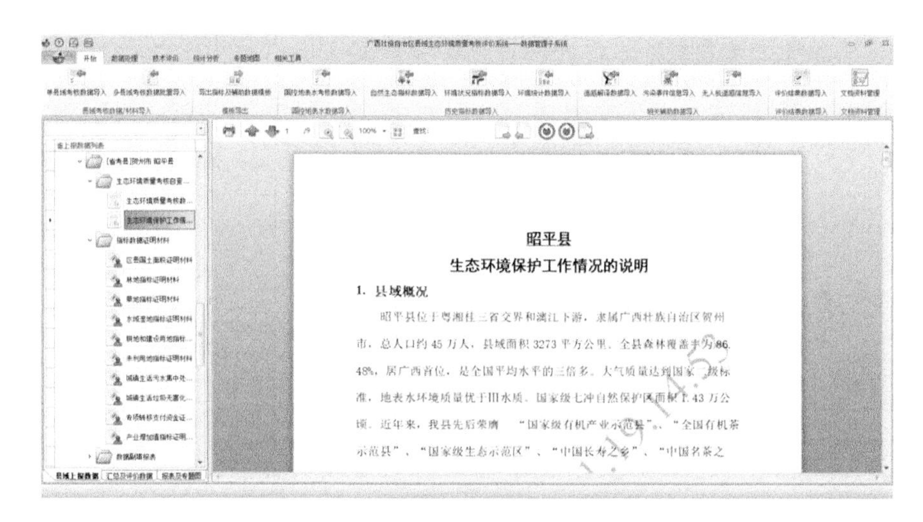

图 3-46　数据管理子系统操作界面

③安全管理子系统：完成用户管理、安全日志管理、元数据管理、标准值管理、系统维护等工作（图 3-47）。

广西壮族自治区县域生态环境质量考核评价系统——安全管理子系统

权限管理　日志管理　县域管理　数据备份　导入导出　其他

添加用户　添加角色　添加功能　添加模块　添加单位

添加权限

系统管理：饮用水标准（地下水）　环境事件分级　生态环境状况分级　生态环境状况变化分级　生态工作情况分级　生态指数权重管理　生态评价一二级指标　植被覆盖指数　生物丰度指数　水源涵养指数　县域信息管理　区县列表　区县空气监测站点　区县水质监测断面　区县污染源　区县水源地　村镇信息　保护区信息

	省（市、区）...	省（市、区）...	县（市、旗、...	县（市、旗、...	水质监测断面...	水质监测断面...	年份	断面性质（国...	是否湖库	河流/湖泊名称	建立时间	经度（度）	经度
1	45	广西壮族自治区	450224	融安县	WA45022400...	融江河大洲断面	2018	市控	否	融江河	2008/1/1 0:0...	109	23
2	45	广西壮族自治区	450224	融安县	WA45022400...	泰溪江断面	2018	国控	否	泰溪江	2016/1/1 0:0...	109	25
3	45	广西壮族自治区	450300	桂林市	WA45030000...	大河	2018	国控	否	漓江	1982/1/1 0:0...	110	19
4	45	广西壮族自治区	450300	桂林市	WA45030000...	磨盘山	2018	国控	否	漓江	1982/1/1 0:0...	110	25
5	45	广西壮族自治区	450312	临桂区	WA45031200...	义江(流离江)...	2018	县控	否	义江(流离江)	2016/10/1 0:...	110	2
6	45	广西壮族自治区	450323	灵川县	WA45032300...	[illegible]	2018	市控	否	甘棠江	2000/1/1 0:0...	110	18
7	45	广西壮族自治区	450323	灵川县	WA45032300...	大面	2018	市控	否	漓江	2000/1/1 0:0...	110	19
8	45	广西壮族自治区	450324	全州县	WA45032400...	庙头	2018	区控	否	湘江	2016/9/20 0:...	111	3
9	45	广西壮族自治区	450325	兴安县	WA45032500...	界首断面	2018	市控	否	湘江		110	45
10	45	广西壮族自治区	450325	兴安县	WA45032500...	大埠头断面	2018	市控	否	大溶江		110	26
11	45	广西壮族自治区	450326	永福县	WA45032600...	[illegible]断面	2018	市控	否	[illegible]		110	2
12	45	广西壮族自治区	450326	永福县	WA45032600...	龙溪（广福）...	2018	国控	否	[illegible]		109	59
13	45	广西壮族自治区	450381	荔浦市	WA45038100...	[illegible]	2018	国控	否	荔浦河	2002/1/1 0:0...	110	32
14	45	广西壮族自治区	450603	防城区	WA45060300...	防城江三滩断面	2018	国控	否	防城江	2007/1/1 0:0...	108	26
15	45	广西壮族自治区	450621	上思县	WA45062100...	[illegible]断面	2018	市控	否	明江	2001/1/1 0:0...	107	47
16	45	广西壮族自治区	450621	上思县	WA45062100...	[illegible]断面	2018	市控	否	明江	1998/1/1 0:0...	107	39
17	45	广西壮族自治区	451029	田林县	WA45102900...	[illegible]	2018	市控	否	右江流域乐里河	2011/1/1 0:0...	106	16
18	45	广西壮族自治区	451081	靖西市	WA45108100...	[illegible]	2018	国控	否	[illegible]	2017/1/1 0:0...	106	31
19	45	广西壮族自治区	451081	靖西市	WA45108100...	靖西市饮用水...	2018	县控	是	龙潭水库	2017/1/1 0:0...	106	25
20	45	广西壮族自治区	451081	靖西市	WA45108100...	靖西县饮用水...	2018	县控	是	龙潭河	2017/1/1 0:0...	106	17
21	45	广西壮族自治区	451121	昭平县	WA45112100...	桂花	2018	国控	否	桂江	2006/1/1 0:0...	110	44
22	45	广西壮族自治区	451121	昭平县	WA45112100...	[illegible]	2018	县控	否	桂江	2018/1/1 0:0...	111	[illegible]
23	45	广西壮族自治区	451121	昭平县	WA45112100...	昭平马江镇江...	2018	县控	否	富群河	2012/10/22 0...	110	2
24	45	广西壮族自治区	451202	金城江区	WA45120200...	龙江六甲	2018	国控	否	龙江	2008/1/1 0:0...	107	55

当前记录 1 of 36

图 3-47　安全管理子系统操作界面

3 个子系统分别由不同角色的人员来操作，共同协作完成整个考核工作。其中，数据管理子系统的数据来源除基础数据外，主要为各县上报的县域环境质量调查数据。而安全管理子系统主要负责系统维护及保证系统的正常、安全运行。

2. 昭平县生态环境质量综合评价

昭平县位于粤湘桂三省交界和漓江下游，隶属于广西壮族自治区贺州市，常住人口约 33 万人，县域面积为 3273km^2。全县森林覆盖率为 87.60%，居广西前列，是全国平均水平的 3 倍多。在主体功能区规划中，昭平县属于农产品主产区。2016 年底，昭平县被纳入全区重点生态功能区监管范围，具备与国家级重点县同级别的重要性。同时，昭平县具有较好的自然生态禀赋，接近生态环境质量测评的导向目标。因此，选取昭平县进行评价示范，具有一定的代表性和引领作用。

（1）评价过程及结果

对昭平县 2018 年的生态环境质量监测进行评价，基准年为 2017 年，技术指标评价主要参照目前广西部分修订的标准进行，生态功能类型按水源涵养功能区进行评价。结果表明，昭平县 2018 年的生态环境质量状况变化值（$\Delta EI'$）为 0.58，具体贡献指标见表 3-51。昭平县的环境状况指标较为稳定，自然生态指标发生了一定的变化，其变化原因主要为使用了新的林地调查数据后，二级指标数据有所变化。

表 3-51　2018 年昭平县 $\Delta EI'$ 具体贡献指标及数值

$\Delta EI'$ 具体贡献指标	数值
有林地面积	1.82
农村居民地面积	0.03
滩涂面积	0.01
其他林地面积	−0.96
高盖度草地面积	−0.12
旱地面积	−0.09
灌木林地面积	−0.07
水田面积	−0.04

在监管指标方面，昭平县的生态环境保护管理指标得分为 52.76 分（表 3-52），在 19 个自治区级重点县中排名第 4 位，标准化换算后的管理评价值为 0.38；2018 年未对昭平县进行自然生态变化详查（无人机遥感抽查），得分为 0；也无突发环境事

件、生态环境违法案件、公众环境投诉等人为因素引起的突发环境事件，得分为0。昭平县的监管指标总评为0.38。在生态环境保护管理指标得分中，主要在生态创建、污染源排放达标率、污染源监管材料完整性等方面表现较好；而在农村环境综合整治和城镇生活污水集中处理率与污水处理厂运行方面尚有一定提升空间。

表3-52　2018年昭平县生态环境保护管理指标得分情况

管理指标	分值
生态保护成效	13.24
环境污染防治	15.38
环境基础设施运行	16.64
县域考核工作组织	7.50

综合以上结果，昭平县2018年的生态环境质量监测评价得分为0.96分，评为“基本稳定”等级。上年的产业准入负面清单实施情况得分为67分，评为“一般”等级。按照综合评价指标体系，昭平县产业准入负面清单实施评价结果为“一般”，综合评价结果和生态环境质量监测评价结果一致，即综合评价结果为“基本稳定”。

（2）评价结果的应用价值

从2017年起，广西主要参照这套生态环境质量评价指标体系对全区30个被纳入广西重点生态功能区监管的县域进行评价，并将评价结果向有关县进行反馈，以便被考核县人民政府发现和解决问题，更好地开展生态环境保护工作。同时，评价结果作为广西壮族自治区重点生态功能区转移支付分配优化的重要参考。按照重点生态功能区转移支付办法，对生态环境质量测评结果“变好”的县域进行奖励，对生态环境质量测评结果“变差”的县域进行惩罚，对生态环境质量测评结果“基本稳定”的县域不予奖惩。评价结果的应用，能更好地引导和督促国家重点生态功能区所属县级政府加大生态环境保护与治理力度，不断改善区域生态环境质量。昭平县2017年起申请创建国家生态文明建设示范县，经过3年的持续努力，于2019年11月14日被生态环境部授予第三批国家生态文明建设示范县称号。

3. 生态环境质量评价优化初探

本书主要从产业准入负面清单和县域生态环境保护管理指标两大方面着手建立和完善，今后还可以考虑在技术指标和评价机制等方面进行更为深入的研究和优化探索。

（1）对二级技术指标进行适当修正

在水源涵养类型中，增加活立木蓄积量分指标。活立木蓄积量是指一定范围内土地上全部树木蓄积的总量，包括森林蓄积、疏林蓄积、散生木蓄积和四旁树蓄积，是反映某地区森林资源总规模和水平的基本指标之一，也是反映森林资源的丰富程度、衡量森林生态环境优劣的重要依据。活立木蓄积量分指标适用于云南、广西等森林资源丰富的西南地区（部分喀斯特石漠化片区除外），与林地覆盖率一并评价能更科学、全面地反映地区生态功能。

（2）增加多年比较的机制

在近几年的国家重点生态功能区考核中，县域生态环境质量状况指数的基准年通常为考核年的前一年或前两年，在实际评价考核中，部分县域的生态环境质量状况变化值（$\Delta EI'$）每年在 0～–1 之间，变化幅度小而未被扣减转移支付资金，因此生态环境质量状况持续细微变差可能不会引起人们警觉。但经过 3～5 年，生态环境质量状况会由量变变差转化成质变变差。因此，在利用公式“县域生态环境质量状况变化值 = 评价考核年的生态环境质量状况值–基准年的生态环境质量状况值”来计算评价考核年与上一年之间的生态环境质量状况变化值的同时，将考核年的 EI 值与几年前的 EI 值分别进行对比，当县域生态环境质量状况变化值出现两次以上小于–1 的情况时，当年应当被判定为某一级的“变差”，并直接扣减一定量的生态转移支付资金；当县域生态环境质量状况变化值出现两次以上大于 1 的情况时，当年应当被判定为某一级的“变好”，在生态转移支付资金方面给予奖励。

第四章　广西地方生态环境标准体系构建

广西地方生态环境标准制定工作于2010年起步，根据经济社会发展以及环境管理工作需要，2010～2018年间共征集地方生态环境标准项目40项，获得自治区质量技术监督局立项22项，其中大气污染防治标准2项、水污染防治标准4项、环境管理标准16项；累计发布实施地方生态环境标准9项，其中发布《甘蔗制糖工业水污染物排放标准》（DB 45/893—2013）强制性标准1项，发布《海水池塘养殖清洁生产要求》（DB 45/T 1062—2014）、《甘蔗制糖行业清洁生产评价指标体系》（DB 45/T 1188—2015）、《清洁生产审核指南　甘蔗制糖业》（DB 45/T 1331—2016）、《环境影响评价技术导则　生物多样性影响》（DB 45/T 1577—2017）、《有色金属冶炼企业突发环境事件应急预案编制指南》（DB 45/T 1643—2017）、《生猪网床生态养殖场环境保护技术规范》（DB 45/T 1875—2018）、《危险废物处置行业污水处理工程技术规范》（DB 45/T 1876—2018）、《危险废物安全填埋处置工程技术规范》（DB 45/T 1877—2018）推荐性标准8项，初步构建了地方生态环境标准体系，指导广西生态环境标准的制修订工作。

2013年，广西制定《甘蔗制糖工业水污染物排放标准》（DB 45/893—2013），以此倒逼制糖企业从源头上削减污染物排放量，主动采用清洁生产技术工艺和先进的污染治理技术减少污染物排放，促进广西进一步节能减排；新标准的制定实施，还为各级生态环境主管部门针对水污染物排放的综合量化管理，减少污染物排放总量，促进企业清洁生产、技术进步、强化管理，从源头进行控制，实现全面达标排放提供了依据。制修订环境监测方法标准需要大量的实际数据作为基础支撑，然而部分方法在制修订的过程中，基础实验数据不全面，甚至不翔实，导致一些监测方法标准在实施过程中重现性较差。部分标准实地调研不够充分，相关科研项目积累不足，缺乏有力的数据作为支撑，如在危险固体废物的填埋监测中，对有毒有害物质的迁移转换规律研究尚不成熟，科研数据共享程度不够高，导致虽然取得了监测数据，但这些数据并不足以分析当地生态环境质量变化的原因。又如，对行业产生的危险废物的产污系数没有系统研究，从而很难确定危险废物的产生量。

虽然近年来广西生态环境标准研究工作取得了一定进展，同时，广西科研院所、企事业单位及部分高等院校发挥各自优势，积极参与国家生态环境标准的制修订，但在地方生态环境标准制定数量和质量上，还不能满足不断提升广西环境管理水平和改善环境质量的需要，跟不上经济社会发展、技术进步的步伐，未能充分发挥出地方生态环境标准在促进经济转型升级和生态文明建设中的重要作用。此外，参与国家环境保护标准制修订的程度还不够，特别是参与国家环境质量标准和污染物排放（控制）标准制修订方面，基本上是空白，未能更好地从国家层面体现广西对环境保护标准的需求。在生态环境标准实施方面，还存在有标准不依、执行标准不严、执行标准错位等问题，影响了标准实施的效果。存在这些问题的原因在于长期以来对地方生态环境标准建设缺乏足够的重视，组织管理体系和相关制度不完善，经费投入严重不足，标准制定的技术基础薄弱，缺乏专门人才，生态环境标准的宣贯体系还未真正建立，等等。

4.1　各类标准在广西的适用性研究

4.1.1　大气环境标准适用性及标准需求

1. 大气环境标准现状

我国大气环境保护标准体系主要包括大气环境质量标准、大气污染物排放标准和大气环境监测规范三大类（图 4-1）。

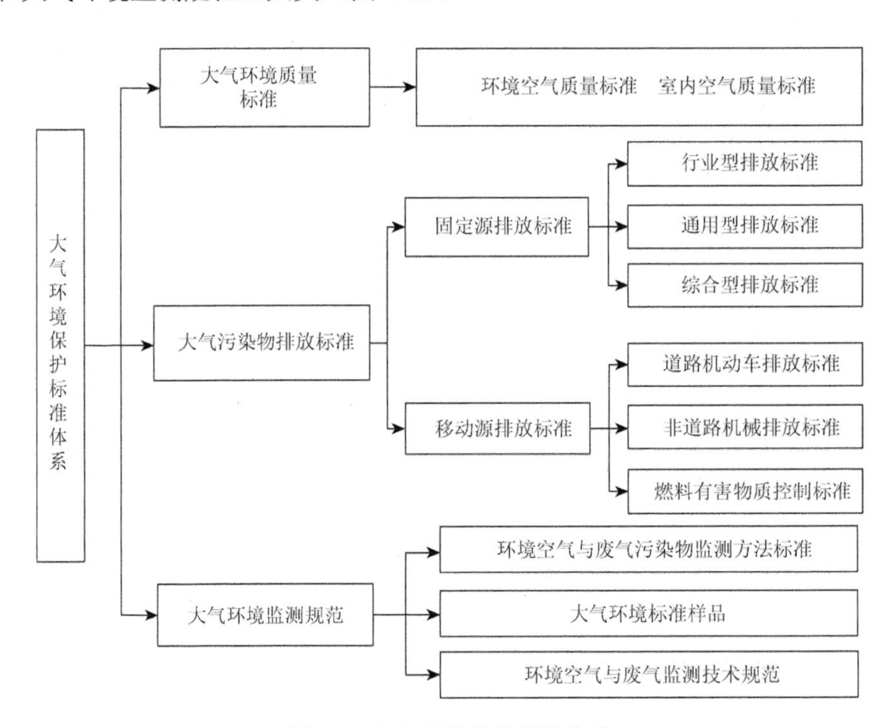

图 4-1　大气环境保护标准体系

大气环境质量标准有 2 项；大气污染物排放标准有 74 项，分为固定源排放标准和移动源排放标准，其中固定源排放标准有 46 项，移动源排放标准有 28 项，控制项目 120 项；大气环境监测规范包括环境空气与废气污染物监测方法标准、大气环境标准样品和环境空气与废气监测技术规范三类。地方排放标准现有 110 项，涉及污染控制指标约 120 项。

我国的固定源大气污染物排放标准可溯源至 1973 年发布的《工业“三废”排放试行标准》（GBJ4—73），经过 40 多年的发展，形成了由行业型、通用型和综合型三类互相不交叉的排放标准构成的固定源大气污染物排放标准体系，计 46 项标准，见表 4-1。

表 4-1 现行固定源大气污染物排放标准名录

序号	标准名称	标准编号	标准级别
1	《挥发性有机物无组织排放控制标准》	GB 37822—2019	国家标准
2	《锅炉大气污染物排放标准》	GB 13271—2014	国家标准
3	《工业炉窑大气污染物排放标准》	GB 9078—1996	国家标准
4	《恶臭污染物排放标准》	GB 14554—1993	国家标准
5	《大气污染物综合排放标准》	GB 16297—1996	国家标准
6	《制药工业大气污染物排放标准》	GB 37823—2019	国家标准
7	《涂料、油墨及胶粘剂工业大气污染物排放标准》	GB 37824—2019	国家标准
8	《烧碱、聚氯乙烯工业污染物排放标准》	GB 15581—2016	国家标准
9	《石油炼制工业污染物排放标准》	GB 31570—2015	国家标准
10	《石油化学工业污染物排放标准》	GB 31571—2015	国家标准
11	《合成树脂工业污染物排放标准》	GB 31572—2015	国家标准
12	《无机化学工业污染物排放标准》	GB 31573—2015	国家标准
13	《再生铜、铝、铅、锌工业污染物排放标准》	GB 31574—2015	国家标准
14	《火葬场大气污染物排放标准》	GB 13801—2015	国家标准
15	《锡、锑、汞工业污染物排放标准》	GB 30770—2014	国家标准
16	《电池工业污染物排放标准》	GB 30484—2013	国家标准
17	《水泥工业大气污染物排放标准》	GB 4915—2013	国家标准
18	《砖瓦工业大气污染物排放标准》	GB 29620—2013	国家标准
19	《电子玻璃工业大气污染物排放标准》	GB 29495—2013	国家标准
20	《炼焦化学工业污染物排放标准》	GB 16171—2012	国家标准
21	《铁矿采选工业污染物排放标准》	GB 28661—2012	国家标准
22	《钢铁烧结、球团工业大气污染物排放标准》	GB 28662—2012	国家标准
23	《炼铁工业大气污染物排放标准》	GB 28663—2012	国家标准

续表

序号	标准名称	标准编号	标准级别
24	《炼钢工业大气污染物排放标准》	GB 28664—2012	国家标准
25	《轧钢工业大气污染物排放标准》	GB 28665—2012	国家标准
26	《铁合金工业污染物排放标准》	GB 28666—2012	国家标准
27	《橡胶制品工业污染物排放标准》	GB 27632—2011	国家标准
28	《火电厂大气污染物排放标准》	GB 13223—2011	国家标准
29	《稀土工业污染物排放标准》	GB 26451—2011	国家标准
30	《钒工业污染物排放标准》	GB 26452—2011	国家标准
31	《平板玻璃工业大气污染物排放标准》	GB 26453—2011	国家标准
32	《硝酸工业污染物排放标准》	GB 26131—2010	国家标准
33	《硫酸工业污染物排放标准》	GB 26132—2010	国家标准
34	《陶瓷工业污染物排放标准》	GB 25464—2010	国家标准
35	《铝工业污染物排放标准》	GB 25465—2010	国家标准
36	《铅、锌工业污染物排放标准》	GB 25466—2010	国家标准
37	《铜、镍、钴工业污染物排放标准》	GB 25467—2010	国家标准
38	《镁、钛工业污染物排放标准》	GB 25468—2010	国家标准
39	《合成革与人造革工业污染物排放标准》	GB 21902—2008	国家标准
40	《电镀污染物排放标准》	GB 21900—2008	国家标准
41	《煤层气（煤矿瓦斯）排放标准（暂行）》	GB 21522—2008	国家标准
42	《加油站大气污染物排放标准》	GB 20952—2020	国家标准
43	《储油库大气污染物排放标准》	GB 20950—2020	国家标准
44	《煤炭工业污染物排放标准》	GB 20426—2006	国家标准
45	《饮食业油烟排放标准》	GB 18483—2001	国家标准
46	《炼焦化学工业污染物排放标准》	GB 16171—2012	国家标准

移动源大气污染物排放标准包括道路机动车排放标准、非道路机械排放标准和燃料有害物质控制标准，共计 26 项标准，见表 4-2。

表 4-2　现行移动源大气污染物排放标准名录

序号	标准名称	标准编号	标准级别
1	《汽油车污染物排放限值及测量方法（双怠速法及简易工况法）》	GB 18285—2018	国家标准
2	《非道路移动柴油机械排气烟度限值及测量方法》	GB 36886—2018	国家标准
3	《柴油车污染物排放限值及测量方法（自由加速法及加载减速法）》	GB 3847—2018	国家标准
4	《重型柴油车污染物排放限值及测量方法（中国第六阶段）》	GB 17691—2018	国家标准

续表

序号	标准名称	标准编号	标准级别
5	《重型柴油车、气体燃料车排气污染物车载测量方法及技术要求》	HJ 857—2017	行业标准
6	《在用柴油车排气污染物测量方法及技术要求（遥感检测法）》	HJ 845—2017	行业标准
7	《轻型汽车污染物排放限值及测量方法（中国第六阶段）》	GB 18352.6—2016	国家标准
8	《轻便摩托车污染物排放限值及测量方法（中国第四阶段）》	GB 18176—2016	国家标准
9	《船舶发动机排气污染物排放限值及测量方法（中国第一、二阶段）》	GB 15097—2016	国家标准
10	《摩托车污染物排放限值及测量方法（中国第四阶段）》	GB 14622—2016	国家标准
11	《轻型混合动力电动汽车污染物排放控制要求及测量方法》	GB 19755—2016	国家标准
12	《非道路移动机械用柴油机排气污染物排放限值及测量方法（中国第三、四阶段）》	GB 20891—2014	国家标准
13	《城市车辆用柴油发动机排气污染物排放限值及测量方法（WHTC工况法）》	HJ 689—2014	行业标准
14	《摩托车和轻便摩托车排气污染物排放限值及测量方法（双怠速法）》	GB 14621—2011	国家标准
15	《非道路移动机械用小型点燃式发动机排气污染物排放限值与测量方法（中国第一、二阶段）》	GB 26133—2010	国家标准
16	《重型车用汽油发动机与汽车排气污染物排放限值及测量方法（中国Ⅲ、Ⅳ阶段）》	GB 14762—2008	国家标准
17	《轻便摩托车污染物排放限值及测量方法（中国第四阶段）》	GB 18176—2016	国家标准
18	《油品运输大气污染物排放标准》	GB 20951—2020	国家标准
19	《重型柴油车污染物排放限值及测量方法（中国第六阶段）》	GB 17691—2018	国家标准
20	《三轮汽车和低速货车用柴油机排气污染物排放限值及测量方法（中国Ⅰ、Ⅱ阶段）》	GB 19756—2005	国家标准
21	《装用点燃式发动机重型汽车曲轴箱污染物排放限值》	GB 11340—2005	国家标准
22	《汽油车污染物排放限值及测量方法（双怠速法及简易工况法）》	GB 18285—2018	国家标准
23	《摩托车和轻便摩托车排气烟度排放限值及测量方法》	GB 19758—2005	国家标准
24	《装用点燃式发动机重型汽车燃油蒸发污染物排放限值及测量方法（收集法）》	GB 14763—2005	国家标准
25	《重型车用汽油发动机与汽车排气污染物排放限值及测量方法（中国Ⅲ、Ⅳ阶段）》	GB 14762—2008	国家标准
26	《农用运输车自由加速烟度排放限值及测量方法》	GB 18322—2002	国家标准

“十二五”期间，环境质量标准的制修订工作以保护生态环境和保障人体健康为落脚点，推动我国环境管理战略转型。以国内外最新环境空气质量基准研究成果为科学基础，综合考虑我国环境空气质量状况和经济社会发展水平，修订发布了《环境空气质量标准》（GB 3095—2012），增加 $PM_{2.5}$ 和 O_3 8h 浓度指标，收紧 PM_{10} 等污染物标准限值，实现了与国际标准接轨，评价结果与公众对空气

质量的主观感受更加一致。以《环境空气质量标准》（GB 3095—2012）发布为标志，我国环境管理开始由以控制环境污染为目标导向，向以环境质量改善为目标导向转变。

为落实《大气污染防治行动计划》的要求，加快完善大气污染物排放标准体系，“十二五”期间，发布了火电、炼焦、钢铁、水泥、石油炼制、石油化工、无机化工、工业锅炉、砖瓦、玻璃、轻型汽车等重点行业28项大气污染物排放标准，继续加强对二氧化硫、氮氧化物等污染物的排放控制，同时，着力开展对挥发性有机物、颗粒物的排放控制研究与标准制修订。针对“三区十群”等重点地区大气污染防治需求，按照《大气污染防治行动计划》的具体任务要求，陆续发布了铝工业、铅锌工业、铜镍钴工业、镁钛工业、稀土工业以及钒工业6项污染物排放标准修改单，增设大气污染物特别排放限值，进一步严格重点区域大气污染物排放控制，完善标准体系。截至“十二五”末期，国家大气污染物排放标准达到73项，控制项目达到120项。行业型、通用型排放标准和移动源排放标准控制的颗粒物、二氧化硫、氮氧化物均占全国总排放量的95%以上。

“十三五”在“十二五”标准工作基础上，重点对大气污染物排放标准体系进行梳理，其基本思路是以《国民经济行业分类》（GB/T 4754—2002）为依据，以总量控制污染物、挥发性有机污染物、重金属和持久性有机污染物（persistent organic pollutants，POPs）等有毒有害污染物的排放控制为根本要求，在参考发达国家排放标准体系的基础上，完善我国的固定源大气污染物排放标准体系，分行业研究标准体系的科学构成，进一步提高大气排放标准体系的科学性、系统性（完整性、协调性）和适用性。

2. 大气环境标准需求

近年来，广西大气环境质量总体改善，但大气污染防治考核压力逐年加大，部分地区环境空气质量不容乐观，O_3污染问题日益突出，大气环境管理需求迫切，目前广西部分支柱产业、特色产业大气污染物排放标准不严，甚至缺乏执行标准，因此支撑大气环境管理的标准体系亟待进一步健全和完善。

①生物质锅炉大气污染物排放标准。目前广西使用生物质成型燃料的锅炉，没有生物质锅炉大气污染物排放执行标准，参照《锅炉大气污染物排放标准》（GB 13271—2014）中燃煤锅炉排放控制要求，在用锅炉的颗粒物、二氧化硫和氮氧化物三项大气污染物排放浓度限值分别为 $80mg/m^3$、$550mg/m^3$ 和 $400mg/m^3$；2014年7月1日起新建锅炉的颗粒物、二氧化硫和氮氧化物三项大气污染物排放浓度限值分别为 $50mg/m^3$、$300mg/m^3$ 和 $300mg/m^3$，导致生物质锅炉大气污染物排放浓度限值高，并且广西是使用生物质燃料较多的地区，对大气环境质量造成较大影响。目前，广东、河北、山东、陕西、上海、北京、杭州、

成都等省市出台了比国家标准更为严格的地方标准，例如，广东在用的生物质成型燃料锅炉的颗粒物、二氧化硫和氮氧化物排放浓度限值分别为 20mg/m^3、50mg/m^3 和 200mg/m^3；新建的燃生物质成型燃料锅炉的颗粒物、二氧化硫和氮氧化物排放浓度限值分别为 20mg/m^3、35mg/m^3 和 150mg/m^3，大气污染物排放浓度限值远低于国家标准值，对广东大气环境质量的大幅改善发挥了巨大作用。为持续改善广西大气环境质量，亟须根据国家《锅炉大气污染物排放标准》，制定广西地方生物质锅炉大气污染物排放标准。

②水泥工业大气污染物排放标准。我国现行《水泥工业大气污染物排放标准》于 2014 年 3 月 1 日起实施，污染排放限值与我国前三版标准横向比较，颗粒物排放限值严格了近 20 倍，氮氧化物、二氧化硫等特征污染物的排放限值也严格了 4 倍。与国外相比，除略低于美国的水泥大气污染物控制水平外，其余主要污染物排放限值均达到日本、欧洲等发达国家和地区的污染物控制水平，一些重点地区针对当地情况制定了更为严格的地方标准，排放限值已达到国际先进的控制水平。我国是水泥生产与消费大国，2018 年水泥产量达到 21.77 亿 t，占世界水泥产量的 55%。水泥行业是我国继火电厂、机动车之后的第三大氮氧化物排放源，水泥工业颗粒物排放占全国颗粒物排放量的 15%～20%，氮氧化物、颗粒物已成为水泥行业的主要废气污染物。近年来广西水泥工业实现速度、质量、效益的快速增长，成为广西工业中的支柱产业。2018 年广西水泥产量 12 218 万 t，在全国排第 8 位，近几年产量依然快速增长。水泥工业排放的氮氧化物占全区工业排放量的 30%以上，是广西工业氮氧化物排放量的主要来源之一；水泥工业烟粉尘排放量占全区工业排放量的 14%，是广西工业烟粉尘排放的主要行业。2018 年广西二氧化氮浓度比 2015 年上升 4.8%，不降反升；PM_{10} 浓度下降 6.6%，下降幅度小；O_3 浓度逐年上升，以 O_3 为首要污染物的占比逐年上升，O_3 污染日益突出，O_3 成为影响广西城市环境空气质量的最主要污染物之一。现行的水泥工业氮氧化物排放浓度 300mg/m^3 限值远远不能满足广西氮氧化物减排的要求。2018 年广西 $PM_{2.5}$ 浓度首次达标，比广东高 12.9%，$PM_{2.5}$ 浓度超标是影响空气质量达标的主要原因之一。为了强化对广西烟粉尘排放的措施和力度，有必要对颗粒物的排放采取更严格的浓度要求，根据监测的数据和调查的情况，目前广西水泥企业水泥窑头及窑尾大部分采用静电除尘技术，如改造为布袋除尘技术，去除颗粒物的效果将有所改善，根据对监测数据的分析，目前排放浓度大部分集中在 30mg/m^3 以下，进行技改升级后，可以达到更低的浓度排放水平。因此，需要根据国家《水泥工业大气污染物排放标准》，制定更严格的广西地方水泥工业大气污染物排放标准。

③广西秸秆露天禁烧区范围划定标准规范。广西是全国蔗糖的主产区，全区每年糖料蔗种植面积约 1200 万亩，糖料蔗年产量 5300 多万 t。同时广西是全国主

要的水稻种植区，大面积的甘蔗、水稻等种植产生大量的蔗叶、稻草等农作剩余物。长期以来，广西农作物秸秆没有得到有效利用，综合利用率较低，一部分秸秆被废弃或焚烧，而焚烧秸秆污染大气、浪费资源，严重影响环境空气质量，成为广西大气污染防治工作的一个"顽疾"。推动秸秆禁烧、做好秸秆综合利用，对减轻大气污染、发展现代农业具有十分重要的战略意义和现实意义。目前国家没有秸秆露天禁烧区范围划定相关的指南规范，而广西各市秸秆禁烧区的划定原则不一，方法各异，划定的禁烧区不合理，无法有效执行。为了科学做好露天焚烧秸秆管控，改善大气环境质量，防止露天焚烧秸秆造成大气污染及对公共交通安全的威胁，确保秸秆禁烧工作取得实效，要求严密组织禁烧区划定工作、科学划定禁烧区和限烧区，因此有必要出台广西秸秆露天禁烧区范围划定的标准，规范禁烧区划定的原则、方法、范围、管控要求等内容。

④广西秸秆焚烧指数分级技术规范。秸秆露天焚烧可排放多种大气污染物，具备一定烟羽抬升高度并且可在下风方向与其他来源污染物快速混合形成二次颗粒物，严重影响环境空气质量和公众健康。党中央、国务院将秸秆禁烧列入"蓝天保卫战"的重要内容，要求依法严禁秸秆露天焚烧，全面推进综合利用。自治区党委、人民政府高度重视秸秆禁烧工作，出台一系列相关文件，对秸秆禁烧提出明确要求，多次作出批示指示。按照原自治区党委书记鹿心社同志有关秸秆禁烧的批示指示，科学划定禁烧区、完善网格化监管、推进管理式焚烧，是实现环境效益、经济效益和社会效益多赢的重要手段。《广西秸秆禁烧三年工作方案（2020—2022 年）》中明确提出，经过 3 年努力，秸秆露天焚烧火点大幅减少，因秸秆露天焚烧导致的环境空气质量污染程度明显降低；建立健全秸秆禁烧工作机制，各市、县划定并完善秸秆禁烧区，建立目标责任机制和清单式管理机制，强化联动巡查执法、严格督查通报和预警问责，完善秸秆禁烧网格化监控体系，基本实现禁烧区域监控全覆盖；探索实施秸秆限烧管理，在不影响环境空气质量和生产生活的情况下，实现有组织、有计划、有限度地限时段、限地块、限规模焚烧管理。在探索实施秸秆限烧管理过程中，可以通过卫星遥感等先进手段，基于气象相关信息及预测预报模式研究，对广西区域的秸秆焚烧做事前模拟预报分析。通过分析结果，使得有限焚烧对全区空气污染达到最小，进而确定各市、县的最优秸秆焚烧策略。目前广西的秸秆禁烧遥感监管工作刚刚起步，全国其他省市也没有通过卫星遥感手段指导秸秆限烧的应用先例，因此有必要通过建立统一、规范性的秸秆焚烧指数分级标准，对各市、县、乡等部门的秸秆限烧监管工作提出具体标准要求及限烧建议，用于指导、评价各区域的限烧策略及对大气环境的影响。

⑤大气污染重点区域全景影像连续自动监控与人工智能（artificial intelligence，AI）分析系统技术规范。我国大气污染治理虽然已经进入精细化管

理阶段，但仍然存在一些治理上的盲区与未被重点关注但切实影响大气环境质量的方面，需要进一步关注。一是随机性大气污染问题突出，如生物质、垃圾露天焚烧、机动车尾气等缺乏24h不间断监控手段和能力，对大气环境造成严重影响。二是影响大气环境的污染源定量定性技术有限，取证难、取证贵。由于大部分污染源属于新增突发性的短暂污染源，具有相当的时效性，在现有的技术条件下，难以及时捕捉有效定量或定性证据，造成污染影响取证难，取证成本高，监管无法有效开展。三是管理压力难以层层传递。随着大气污染网格化管理方式的不断推行和深入，部分大气污染重点区域管理尚处于盲区，特别是在监测数据还不能作为压力传递的有效方式时，急需一种便捷的图像取证技术为实现压力层层传递提供有效方式。因此，有必要采用AI技术，运用视频监控方式针对大气污染重点区域随机性污染实施智能监控，通过AI图像识别技术精准定位主要大气污染区域和污染源，针对全景影像连续自动监控与AI分析系统的前端感知层、网络传输层、系统应用层建立统一标准的技术指南，强化大气污染重点区域监管的技术手段，为大气污染防治提供有力的手段和技术保障。

⑥广西环境空气质量预报预警技术指南。广西环境空气质量预报预警能力建设工作经过近5年的发展建设，取得较大的进步，目前已经实现未来8天广西14个城市逐日和逐小时空气质量预报，并对外发布预报信息，预报工作实现业务化、流程化。环境空气质量预报工作为大气环境管理部门提供了强有力的技术支持，鉴于目前全区各地大气污染形势仍然严峻，仅有少数城市建成环境空气质量预报预警平台，城市预报工作基本由省级预报部门负责完成。国家已出台环境空气质量预报预警方法技术指南，为环境监测系统技术人员提供了预报预警工作方法，并针对各级监测系统建立相应的预报预警平台过程中的相关需求、筹备框架等方面提出一些技术指导和参考。而环境空气质量预报工作需要根据本地预报系统建设情况，进行本地化和优化调整。因此有必要针对各级环境保护预报部门关注的业务发展、环境质量管理技术支持、公众社会信息服务、系统能力建设设计、技术方法培训等相关工作需求，出台地方环境空气质量预报预警技术指南，力求为环境监测系统和环境保护预报部门技术人员提供进一步深入的技术方法指导和系统框架参考，引导全区各市预报成员系统掌握，并不断丰富和拓展环境保护预报理论和技术方法。

4.1.2 水环境标准适用性及标准需求

1. 水环境标准状况

我国现行《地表水环境质量标准》（GB 3838—2002）由原国家环境保护总局

于2002年颁布实施，是评价和考核我国地表水环境质量、管理我国地表水环境的基本依据。《地表水环境质量标准》适用于全国江河、湖泊、运河、渠道、水库等具有使用功能的地表水水域。该标准依据地表水环境功能和保护目标将地表水体分为5类，并规定了地表水环境质量应控制的项目、限值和分析方法等。涉及的基本项目有24项，包括基础环境参数、营养盐、耗氧物质及重金属和氰化物、挥发酚等部分有毒有害污染物。随着我国水环境保护形势的转变、环境污染特征的变化及国内外水环境领域科学研究的不断发展，现行的水质标准已经难以适应当前水环境管理需求，存在的问题主要体现在以下几方面。

①标准制定未充分考虑我国水生态系统特征。水质基准是制定水质标准的理论基础和科学依据，是水质标准不可或缺的“坐标”，决定了水质标准本身的科学性和客观性。一个完整的水质标准体系应以保护人体健康和生物资源安全为首要目标。当前我国的水质基准及标准研究并未从真正意义上建立起相应的水环境质量基准体系。现行的《地表水环境质量标准》在制定时主要依据美国、日本、欧洲等发达国家及地区的相关水质标准和水生态基准数据，基本上没有我国本土的水环境基准数据，并未充分考虑我国自身的水生态系统特征，难以切实有效地为我国水生态系统提供适当的保护。

②全国水环境质量标准值“一刀切”。我国幅员辽阔，海岸线曲折漫长，不同区域的气候、地理环境和社会活动的差异导致不同区域的污染特征各不相同。科学的水环境质量标准应以区域性的环境质量基准为基础和依据，充分考虑区域特征，以确保可给予本区域环境生态最为恰当的保护。然而，《地表水环境质量标准》在限值和项目的设定上均为全国统一标准，并未根据不同区域、不同自然特征、不同生态系统类型以及区域经济社会发展特征予以差异性的规定和调整。

③指标设置难以满足当前环境保护需求。在污染要素的涵盖范围上，我国现行的标准在指标设置上过于单薄，指标内容以水化学和物理标准为主，无相关底泥标准及水生生物标准，对在水环境中被广泛检出的以全氟化合物、个人护理品及药物类为代表的新型持久性有机污染物（POPs）等有毒有害污染物也并未充分考虑，不能综合反映水体的健康状况及表征水生态系统对于水质变化的响应关系，难以满足保护水生态系统的需求。

④尚未针对湖库水环境设立相应标准。目前尚未有针对湖库营养物的标准，只是采用与地表水相同的指标进行评价和管理，评价结果完全不能体现不同自然条件、不同水体类型之间的富营养化差异，也不能实施有效的管理措施。

⑤部分标准的检出限难以满足环境质量标准及污染物排放标准要求。如《城镇污水处理厂污染物排放标准》（GB 18918—2002）中22项水污染物排放标准均规定了色度的控制限值，均以稀释倍数表示。又如《城镇污水处理厂污染物排放

标准》中一级标准、二级标准和三级标准色度分别为30、40、50，而引用的环境监测标准《水质 色度的测定》（GB 11903—1989）中规定的色度测定方法包括铂钴比色法和稀释倍数法，其中稀释倍数法以2倍稀释，得到的稀释倍数为2^n，难以得到标准中规定的限值。再如《城镇污水处理厂污染物排放标准》中粪大肠杆菌的限值采用“个/L”表示，采用的监测分析方法为多管发酵法，相应的监测分析方法标准《水质 粪大肠菌群的测定 多管发酵法和滤膜法（试行）》（HJ/T 347—2007）的结果表示为MPN/L。

⑥修订环境监测标准中规定不统一的问题。使用术语不规范，标准不统一，如有些标准给出检出限和测定下限，有些给出最低检出浓度，有些给出检测范围。如在《危险废物鉴别标准 浸出毒性鉴别》（GB 5085.3—2007）表1中，序号15、16规定的项目名称为氟化物、氰化物，而附录F、G相应的分析方法名称却为氟离子、氰根离子的测定，存在概念不清的问题；《炼焦化学工业污染物排放标准》（GB 16171—2012）规定了“氰化物”限值，《发酵类制药工业水污染物排放标准》（GB 21903—2008）规定了“总氰化物”限值；现行监测标准中《水质 氰化物的测定 容量法和分光光度法》（HJ 484—2009）测定的“氰化物”为“总氰化物”和“易释放氰化物”；《地表水环境质量标准》规定了丁基黄原酸的控制限值，其引用的监测方法为铜试剂亚铜分光光度法，但该方法测定结果为黄原酸盐；《污水综合排放标准》（GB 8978—1996）规定了元素磷的控制限值，并采用苯萃取-磷钼蓝比色法测定元素磷，但进一步研究表明元素磷中的红磷难溶解于水和有机溶剂，因此，此标准中规定的元素磷应为黄磷。不同的规范对监测结果低于检出限应如何报数给出了不同的规定，如《地下水环境监测技术规范》（HJ 164—2020）规定当测定结果低于分析方法检出限时，报所使用方法的检出限值，并在其后加标志位 L；《土壤环境监测技术规范》（HJ/T 166—2004）规定监测结果小于检出限时报检出限的二分之一；《水污染物排放总量监测技术规范》（HJ/T 92—2002）规定监测结果小于检出限时则监测结果不参与统计。

⑦需对部分检测分析方法标准进行优化整合。对于一些整合性强的，如《水质 挥发性有机物的测定 吹扫捕集/气相色谱-质谱法》（HJ 639—2012），适用范围常常会提到“若通过验证，本标准也可适用于其他挥发性有机物的测定”，而松节油、丙烯腈和丙烯醛也属于挥发性有机物，但我国并未对《水质 挥发性有机物的测定 吹扫捕集/气相色谱-质谱法》进行补充修订，而是又出台了《水质 丙烯腈和丙烯醛的测定 吹扫捕集/气相色谱法》（HJ 806—2016）、《水质 松节油的测定 吹扫捕集/气相色谱-质谱法》（HJ 866—2017）等分析标准，造成标准数量不合理增加。

⑧对多部门制定的标准进行优化整合。环保、国土、水利、农业、海洋、发改委、南水北调7部门原先均发布了监测标准，如原地质矿产部制定的《地下水

质检验方法》（DZ/T 0064.1～80—1993）包括地下水质检测总则、样品采集与保存，以及地下水温度、色度、悬浮物、硬度、化学需氧量等常规指标、金属元素、阴离子等的监测分析方法；水利部制定的水利技术系列标准中，系列 28 无机物检测方法、系列 29 有机物检测方法、系列 30 生态指标检测方法，共包括 37 项已发布或正在制修订的检测方法标准；原农业部制定的农田控制标准中，包括《土壤检测 第 1 部分：土壤样品的采集、处理和贮存》（NY/T 1121.1—2006）等 40 余项土壤监测分析方法标准；原国家海洋局制定了《海洋监测规范》（GB 17378.1～7—2007）、《海底沉积物化学分析方法》（GB/T 20260—2006）、《海洋监测技术规程》（HY/T 147.1～7—2013）等 40 余项海水及海洋沉积物监测标准。这些标准与原环境保护部制定的监测标准存在一定的交叉重复，但又各有差异，亟须按照目前各部门职能分工进行清理整合。

⑨不同行业的标准之间存在技术上的差异。国家标准和行业标准之间及不同行业标准之间均缺乏强制性沟通和制约手段，个体发展空间较大，行业标准替代国家标准、不同行业标准之间存在技术上的差异等情况仍有发生。以《地表水环境质量标准》中的“集中式生活饮用水地表水水源地项目分析方法”为例，其中 80 个项目需要采用约 30 种国标或行标分析方法、约 50 种其他约定的分析方法，每种方法的样品采集、保存、前处理及分析过程都不同，仅配齐项目所需的试剂材料就很费时费力，给现场样品采集和实验室分析带来很大麻烦，也不利于监测工作的开展和方法标准的执行。

⑩不同标准的相同重金属污染物排放限值存在差异。我国现已颁布众多的重金属相关排放标准，包括污水综合排放标准、重金属相关行业标准，它们分别从不同角度约束排污浓度和排放量，但不同标准相同重金属污染物排放限值存在差异，相同重金属污染物直接排放和间接排放也存在差异，这些差异可能会造成总量控制部分失效。

2. 水环境标准需求

①发展水生态基准。根据广西水生生物区系的特点和污染控制的需要，开展相应的原创性的水生态毒理学基础研究，制定和颁布相应的水质基准，为广西水质标准的制定提供科学依据。

②加强广西水环境特性的调查，包括水体的理化性质（如温度、溶解氧、pH、硬度和有机质等）、水生生物群落结构、主要污染物、水体污染程度以及污染物的环境地球化学特性等，根据广西水环境特性建立符合广西水质管理要求的水质标准。

③构建广义的水质标准体系。在以生态完整性保护为目的的管理目标下，水质标准体系将由过去单一的化学指标扩展到水化学、底质、生物、栖息地环境和有毒物质等方面，标准体系也应更加完善，以期反映水生态系统所有组成的质量状况。

④制定湖库水体营养物标准。湖库水体营养物标准的制定要考虑水体的用途、类型和经济社会条件等因素的影响，不同用途的湖库的总磷标准可以不同。对于湖泊保护区和饮用水水源地而言，其营养物标准要求可能要严于生态区的基准；而对于灌溉和防洪功能的湖库，其水体富营养化对灌溉和防洪功能影响较小，在此情况下营养物标准值可提高，接近于富营养化水平。需要根据最严要求的功能确定湖库水体的营养物标准。

⑤制定重金属污染物排放标准。河池等地区由于矿山开采、冶炼和加工等原因造成重金属污染问题严重，建议结合污水综合排放标准和重金属相关行业标准，制定更为严格的广西重金属污染物排放标准，对特征重金属污染物的排放进行约束。

4.1.3　近岸海域标准适用性及标准需求

1. 海洋生态环境标准状况

（1）质量标准

我国目前的海洋环境质量标准有水质标准和沉积物质量标准，分别为1997年和2002年制定。

（2）分析和评价方法标准

海洋监测标准对象覆盖了海水、沉积物、大气和生物生态等多种类型。我国海洋生态环境监测最初阶段是在20世纪60年代，海洋行政管理部门成立，确立了“以军为主，服务国防”的工作思路，先后四次下到太平洋，开展水文气象监测工作。十一届三中全会后，按照“查清中国海，进军三大洋，登上南极洲”的方针，开展了基础调查监测。1982年，我国颁布了《中华人民共和国海洋环境保护法》。1984年，开始组建全国海洋环境污染监测网。根据1998年国务院机构改革方案，沿海地方政府建立了海洋行政主管部门，将近岸海域环保纳入地方工作计划，监测方向向生态监测转变。21世纪以来，围绕政府职能向“公益服务”方向转变，紧扣“为经济、行政、社会、国防和群众服务”的宗旨，拓展服务领域，把海洋监测提升到了复合型的监测类型。具体见表4-3。

表4-3　我国海洋相关现行标准

一、海洋水质类			
序号	标准名称	标准编号	标准级别
1	《海水水质标准》	GB 3097—1997	国家标准
2	《海洋调查规范》	GB/T 12763.1～11—2007	国家标准
3	《海洋监测规范》	GB 17378.1～7—2007	国家标准

续表

一、海洋水质类			
序号	标准名称	标准编号	标准级别
4	《近岸海域环境监测技术规范》	HJ 442—2020	行业标准
5	《海洋监测技术规程》	HY/T 147—2013	行业标准
6	《陆源入海排污口及邻近海域监测技术规程》	HY/T 076—2005	行业标准
7	《江河入海污染物总量监测技术规程》	HY/T 077—2005	行业标准
8	《海洋沉积物标准物质研制及保存技术规范》	HY/T 172—2014	行业标准
9	《海水成分分析标准物质研制及保存技术规范》	HY/T 173—2014	行业标准
10	《海水营养盐自动分析仪》	HY/T 093—2005	行业标准
11	《海水冷却水质要求及分析检测方法》	GB/T 33584—2017	国家标准
12	《海水浴场服务规范》	GB/T 34420—2017	国家标准
13	《海洋观测规范 第 2 部分：海滨观测》	GB/T 14914.2—2019	国家标准
14	《近岸海域水质自动监测技术规范》	HJ 731—2014	行业标准
15	《海洋功能区划技术导则》	GB/T 17108—2006	国家标准
16	《近岸海域环境功能区划分技术规范》	HJ/T 82—2001	行业标准
17	《近岸海域环境监测点位布设技术规范》	HJ 730—2014	行业标准
二、海洋生态类			
序号	标准名称	标准编号	标准级别
1	《海洋生物质量》	GB 18421—2001	国家标准
2	《海洋生物质量监测技术规程》	HY/T 078—2005	行业标准
3	《贻贝监测技术规程》	HY/T 079—2005	行业标准
4	《海洋沉积物间隙生物调查规范》	GB/T 34656—2017	国家标准
5	《海洋动物标准物质研制及保存技术规范》	HY/T 170—2014	行业标准
6	《海洋植物标准物质研制及保存技术规范》	HY/T 171—2014	行业标准
7	《滨海湿地生态监测技术规程》	HY/T 080—2005	行业标准
8	《红树林生态监测技术规程》	HY/T 081—2005	行业标准
9	《珊瑚礁生态监测技术规程》	HY/T 082—2005	行业标准
10	《海草床生态监测技术规程》	HY/T 083—2005	行业标准
11	《海湾生态监测技术规程》	HY/T 084—2005	行业标准
12	《河口生态系统监测技术规程》	HY/T 085—2005	行业标准
13	《陆源入海排污口及邻近海域生态环境评价指南》	HY/T 086—2005	行业标准
14	《近岸海洋生态健康评价指南》	HY/T 087—2005	行业标准
15	《海洋生态资本评估技术导则》	GB/T 28058—2011	国家标准
16	《海洋生态损害评估技术导则》	GB/T 34546—2017	国家标准

续表

二、海洋生态类			
序号	标准名称	标准编号	标准级别
17	《海洋溢油生态损害评估技术导则》	HY/T 095—2007	行业标准
18	《近岸海域海洋生物多样性评价技术指南》	HY/T 215—2017	行业标准
19	《海洋自然保护区类型与级别划分原则》	GB/T 17504—1998	国家标准

目前，国内已颁布并实施的海洋生态调查系列相关标准主要有以下 4 个。

①《海洋监测规范 第 7 部分：近海污染生态调查和生物监测》（GB 17378.7—2007），是由原国家海洋局组织拟定的《海洋监测规范》11 项系列国家标准之一，经中华人民共和国国家标准批准发布公告 2007 年第 12 号批准发布，并于 2008 年 5 月 1 日起实施。该标准适用于近海环境污染的生物学调查、监测和评价，由中国标准出版社 2008 年出版发行。

②《海洋调查规范 第 6 部分：海洋生物调查》（GB/T 12763.6—2007），是由原国家海洋局组织拟定的《海洋调查规范》11 项系列国家标准之一，经中华人民共和国国家标准批准发布公告 2007 年第 8 号批准发布，并于 2008 年 2 月 1 日起实施。该标准适用于海洋环境基本要素调查中的海洋生物调查，由中国标准出版社 2008 年出版发行。

③《海洋生态监测技术规程行业标准汇编》，由全国海洋标准化技术委员会和中国标准出版社第五编辑室汇编，收集了原国家海洋局 2005 年批准发布的 11 项海洋生态监测技术规程行业标准，由中国标准出版社 2008 年出版发行。

④《海洋生物生态调查技术规程》，由原国家海洋局 908 专项办公室编制，由海洋出版社 2006 年出版发行。适用于《我国近海海洋综合调查与评价》专项中的海洋生物生态调查。

以上系列标准针对我国海洋生态环境实际状况，根据我国海洋环境管理的需求，密切结合我国海洋环境监测的技术现状和实际监测能力，吸收了当前国内外海洋环境监测，尤其是海洋生态监测的新技术、新方法，科学、合理地建立了监测指标体系。这些标准囊括了基本海洋生物要素调查、近海环境污染的生物学调查以及专项海洋生物生态调查（包括赤潮、海草床、珊瑚礁、红树林、滨海湿地生态等），为有效解决海洋生态环境问题，快速、准确地获取相关的海洋环境数据提供帮助，为保证全国海洋调查的技术要求和产品质量发挥了重要作用。

（3）国外海洋相关标准

发达国家注重根据不同时期的海洋环境监测工作特点不断完善其标准体系，具体包括检测方法、技术规程、质量保证/质量控制方法、评价标准等。以美国为例，美国设置了专门的机构来研究海洋环境监测技术，并制定一系列标准规范来指导各地区的海洋环境监测工作（表 4-4）。美国从 19 世纪 80 年代末就认识到分析方法统一化的重要性。1905 年出台的《水的标准分析方法》根据美国不同时期水质的特点不断进行修订，基本上每 5 年修订一次，内容包括检测项目的增多、检测技术的更新、检测标准的细化等。目前，美国国家环境保护局（EPA），制定的每一个采样、测试方法均有专门的章节加以明确，另外还有专门的质量保证技术指南保证数据的准确度、精密度等。所有这些标准体系都为海洋环境监测工作的有效开展奠定了基础。虽然我国海洋环境监测标准体系框架已经基本构建，但是系统性、规范性仍不及发达国家，在标准体系的完善方面还有大量的工作要做。

表 4-4　国外海洋相关标准

序号	标准编号	标准名称
1	US EPA-2009	《国家推荐的水质基准》
2	EPA-823-B-17-001	《水质标准手册》（Water Quality Standards Handbook）

2. 海洋生态环境标准需求

（1）质量标准需求

①入海河口过渡区域海水质量标准。

入海河口（钦江和茅尾海、南流江和廉州湾等交汇处）是河流和海洋生态系统的过渡带，河口区上游起始点盐度接近上游来水，河口区下游终端盐度接近海水，特殊的地理位置决定了其不同于地表水系和近岸海域的水质特征、水动力条件和生态系统。受淡水输入、潮汐、潮流等因素的综合影响，海洋过程与河口过程在这里复杂交汇，河口区的水环境各类指标具有明显的区域性特征。因此，入海河口是一个有别于河流和海洋的特殊区域，具有独特的客观自然属性，而且因其特殊的地理位置，在我国经济社会发展和水环境管理中发挥着重要作用，也对近岸海域水环境质量至关重要。

在河口水环境管理中，我国目前主要的采样方式是河海划界的向河段使用《地表水环境质量标准》评价，向海段使用《海水水质标准》评价，经过多年的实践，两个标准在使用中存在河海划界随意、评价指标和评价标准难以有效衔接等问题，在河口区执行《地表水环境质量标准》不能完全满足其生态环境保护要求。现行水质标准在河口区适用性差，无法提供适用于河口区的科学的水质评价方法和标准限值。广西多条入海河流入海口断面水质评价结果长期劣于Ⅲ类，这很大程度上是由于评价标准和评价方法不合理，不能客观地反映河口区水环境质量的现状及变化趋势，对水环境管理相关部门的监督管理工作造成影响。而且海水质量标准中的相关性指标和地表水不能完全对应（如无机氮和总氮等），不利于地方实施陆海统筹一体化污染防治和质量控制。在当前现有标准不能满足环境评价需求的情况下，需增加入海河口过渡带的质量标准。

②入海河流底质质量标准。

目前，国内关于水系沉积物没有相应的质量标准，广西沿海平原面积较大，入海河流较多，河流水域周边工业企业较多，尤其对于茅尾海或相似的半封闭海湾，入海河流水质有可能不是影响茅尾海水质唯一的因素，入海河流携带污染物入海的方式除与水质有关以外，还有可能和河流底泥一起汇入海湾，通过航道疏浚等海洋工程及潮流冲刷导致沉积物中的污染物重新悬浮释放至水体中，影响水质。在半封闭海湾中，底泥冲击和堆积对海湾有不可忽视的影响，增加相应入海河流底质质量标准，有助于对海湾水质的评价。

（2）常规监测类标准需求

随着我国海水分析方法及仪器设备技术的飞快发展，目前国内分析方法不能完全满足实际分析工作的需求，对于海水中激素、有机磷农药、有机氯农药、多环芳烃、氰化物、挥发性酚连续流动分析仪分析方法，氨氮、亚硝酸盐氮、硝酸盐氮、硫化物气象分子吸收光谱法等国内暂无相关标准，需要增加补充相关常规监测类标准。

（3）生态类标准需求

随着近10年来海洋调查技术和研究方法的迅猛发展、海洋开发投入和调查研究项目的不断增加、海洋调查基础学科的不断分化和综合，我国海洋事业发展步入高速成长期，国家海洋管理、资源开发、环境保护、防灾减灾、国防军事等多方面面临新的形势和挑战，国民经济建设对海洋基础环境数据资料要求的不断提高，使制定原系列国家标准的基础发生了巨大的变化，迫切需要对以上标准规范进行修订完善，并对重要的新兴基础学科制定新的国家标准，以使海洋生物生态监测调查规范的国家标准体系更为完整。

同时，为了与国际海洋调查相关标准进一步接轨，我国海洋相关标准需对新形势下的海洋调查活动作出详细的规定，为我国海洋环境保护、开发利用、权益维护和公益服务等方面提供科学依据，这就需要根据近年来海洋学科研究的新需求以及海洋调查新技术、新装备的发展情况，密切结合我国海洋调查的海区特点和技术现状，充分考虑海洋调查的质量控制要求，同时参考国际上发布的最新相关文献来制定。

更新《海洋监测规范　第7部分：近海污染生态调查和生物监测》（GB 17378.7—2007）、《海洋调查规范　第6部分：海洋生物调查》（GB/T 12763.6—2007）。

需增加海洋垃圾和海洋微塑料相关监测技术规范和评价标准。

需完善海洋生物生态评价方法，目前评价海洋生物物种多样性一般采用香农-维纳多样性指数（H'）。用水质综合污染指数评价环境的污染等级和用生物多样性指数进行评价结果有不一致的地方，导致生物多样性指数评价方法在近岸海域评价的适用性不高，需进一步完善相关评价标准。

生物多样性指数评价方法是生物监测中较为常用的一种方法，普遍被用来描述浮游植物、浮游动物和底栖生物等生物群落的生态学特征以及生物群落结构的变化。同时 H' 也常用来当作指示环境条件变化的因子，是反映水体污染程度以及进行生态评价的有效工具。比如，当 $H'<1$ 时，表示水体重污染；当 $3\geq H'\geq 1$ 时，表示水体中度污染，其中，当 $2>H'\geq 1$ 时，表示 α-中度污染（重中污染），当 $3>H'\geq 2$ 时，表示 β-中度污染（轻中污染）；当 $H'>3$ 时表示水体轻度污染至无污染。

生物多样性指数原本用于已污染水域污染程度的判断和生态评价，而利用生物多样性指数对水质较清洁、水体较开阔的海域进行评价结果则会存在一定差异。尤其对于像广西北部湾近岸海域这样较洁净的水域，则存在较大的局限性。

4.1.4　土壤环境标准适用性及标准需求

1. 土壤环境标准状况

（1）土壤污染防治法

2018 年 8 月 31 日，十三届全国人大常委会第五次会议全票通过了《中华人民共和国土壤污染防治法》，自 2019 年 1 月 1 日起施行。

（2）土壤环境管理规范

2016 年 5 月，国务院印发了《土壤污染防治行动计划》（国发〔2016〕31 号），我国土壤污染防治法律法规和标准体系逐步建立健全。2016～2018 年，陆续发布污染地块、农用地、工矿用地土壤环境管理办法等部门规章；发布了调查、监测、风险评估、修复技术、效果评估等环节系列技术指导文件和规范，如《场地环境调查技术导则》（HJ 25.1—2014）、《场地环境监测技术导则》（HJ 25.2—2014）、《污染场地风险评估技术导则》（HJ 25.3—2014）、《污染地块地下水修复和风险管控技术导则》（HJ 25.6—2019）等（表 4-5），形成了一系列建设用地地块系列导则，根据土壤和地下水环境管理需求，又陆续发布了一系列土壤和地下水环境保护相关标准。

表 4-5　国家土壤环境管理规范类标准

序号	标准名称	标准编号	标准级别
1	《农用地土壤环境管理办法（试行）》	环境保护部 农业部令第 46 号	国家标准
2	《工矿用地土壤环境管理办法（试行）》	生态环境保护部令第 3 号	国家标准
3	《污染地块土壤环境管理办法》	环境保护部令第 42 号	国家标准

续表

序号	标准名称	标准编号	标准级别
4	《建设用地土壤污染风险管控和修复术语》	HJ 682—2019	行业标准
5	《建设用地土壤污染状况调查　技术导则》	HJ 25.1—2019	行业标准
6	《建设用地土壤污染风险管控和修复监测技术导则》	HJ 25.2—2019	行业标准
7	《建设用地土壤污染风险评估技术导则》	HJ 25.3—2019	行业标准
8	《建设用地土壤修复技术导则》	HJ 25.4—2019	行业标准
9	《污染地块风险管控与土壤修复效果评估技术导则》	HJ 25.5—2018	行业标准
10	《污染地块地下水修复和风险管控技术导则》	HJ 25.6—2019	行业标准
11	《土壤环境监测技术规范》	HJ/T 166—2004	行业标准
12	《拟开放场址土壤中剩余放射性可接受水平规定（暂行）》	HJ 53—2000	行业标准
13	《环境影响评价技术导则　土壤环境（试行）》	HJ 964—2018	行业标准
14	《区域性土壤环境背景含量统计技术导则（试行）》	HJ 1185—2021	行业标准

（3）土壤环境质量（风险管控）标准

1995 年发布实施国内首个土壤环境质量标准《土壤环境质量标准》（GB 15618—1995）后，1999 年发布《工业企业土壤环境质量风险评价基准》（HJ/T 25—1999），随后还发布了为上海世博会制定的《展览会用地土壤环境质量评价标准（暂行）》（HJ 350—2007），为特殊农用地制定的《温室蔬菜产地环境质量评价标准》（HJ 333—2006）、《食用农产品产地环境质量评价标准》（HJ 332—2006），2018 年发布《土壤环境质量　农用地土壤污染风险管控标准（试行）》（GB 15618—2018，11 项指标，以下简称《农用地标准》）、《土壤环境质量　建设用地土壤污染风险管控标准（试行）》（GB 36600—2018，45 项指标，以下简称《建设用地标准》），2018 年 8 月 1 日实施农用地、建设用地土壤污染风险管控标准，标准自实施以来被广泛应用，为有关部门制定其他国家标准或行业标准所引用，为推动我国土壤环境保护发挥了积极的作用。

（4）土壤环境监测类标准

国家土壤环境监测类标准见表 4-6。

表 4-6　国家土壤环境监测类标准

序号	标准名称	标准编号	标准级别
1	《土壤质量　土壤采样技术指南》	GB/T 36197—2018	国家标准
2	《土壤质量　野外土壤描述》	GB/T 32726—2016	国家标准

续表

序号	标准名称	标准编号	标准级别
3	《土壤质量 城市及工业场地土壤污染调查方法指南》	GB/T 36200—2018	国家标准
4	《地块土壤和地下水中挥发性有机物采样技术导则》	HJ 1019—2019	行业标准
5	《土壤 pH 值的测定 电位法》	HJ 962—2018	行业标准
6	《土壤 可交换酸度的测定 氯化钡提取-滴定法》	HJ 631—2011	行业标准
7	《土壤 干物质和水分的测定 重量法》	HJ 613—2011	行业标准
8	《土壤 水溶性氟化物和总氟化物的测定 离子选择电极法》	HJ 873—2017	行业标准
9	《土壤 氧化还原电位的测定 电位法》	HJ 746—2015	行业标准
10	《土壤 氰化物和总氰化物的测定 分光光度法》	HJ 745—2015	行业标准
11	《土壤质量 全氮的测定 凯氏法》	HJ 717—2014	行业标准
12	《土壤 有机碳的测定 燃烧氧化-非分散红外法》	HJ 695—2014	行业标准
13	《土壤 有机碳的测定 燃烧氧化-滴定法》	HJ 658—2013	行业标准
14	《土壤 可交换酸度的测定 氯化钾提取-滴定法》	HJ 649—2013	行业标准
15	《土壤 总磷的测定 碱熔-钼锑抗分光光度法》	HJ 632—2011	行业标准
16	《土壤 有机碳的测定 重铬酸钾氧化-分光光度法》	HJ 615—2011	行业标准
17	《土壤质量 总砷的测定 硼氢化钾-硝酸银分光光度法》	GB/T 17135—1997	国家标准
18	《土壤质量 总砷的测定 二乙基二硫代氨基甲酸银分光光度法》	GB/T 17134—1997	国家标准
19	《土壤和沉积物 铍的测定 石墨炉原子吸收分光光度法》	HJ 737—2015	行业标准
20	《土壤 有效磷的测定 碳酸氢钠浸提-钼锑抗分光光度法》	HJ 704—2014	行业标准
21	《土壤和沉积物 汞、砷、硒、铋、锑的测定微波消解/原子荧光法》	HJ 680—2013	行业标准
22	《土壤 氨氮、亚硝酸盐氮、硝酸盐氮的测定 氯化钾溶液提取-分光光度法》	HJ 634—2012	行业标准
23	《土壤质量 铅、镉的测定 KI-MIBK 萃取火焰原子吸收分光光度法》	GB/T 17140—1997	国家标准
24	《土壤质量 总汞的测定 冷原子吸收分光光度法》	GB/T 17136—1997	国家标准
25	《土壤质量 铅、镉的测定 石墨炉原子吸收分光光度法》	GB/T 17141—1997	国家标准
26	《土壤和沉积物 铜、锌、铅、镍、铬的测定 火焰原子吸收分光光度法》	HJ 491—2019	行业标准
27	《土壤和沉积物 石油烃（C6-C9）的测定 吹扫捕集/气相色谱法》	HJ 1020—2019	行业标准
28	《土壤和沉积物 石油烃（C10-C40）的测定 气相色谱法》	HJ 1021—2019	行业标准
29	《土壤和沉积物 苯氧羧酸类农药的测定 高效液相色谱法》	HJ 1022—2019	行业标准
30	《土壤和沉积物 有机磷类和拟除虫菊酯类等 47 种农药的测定 气相色谱-质谱法》	HJ 1023—2019	行业标准
31	《土壤和沉积物 挥发性卤代烃的测定 顶空/气相色谱-质谱法》	HJ 736—2015	行业标准

续表

序号	标准名称	标准编号	标准级别
32	《土壤和沉积物 挥发性卤代烃的测定 吹扫捕集/气相色谱-质谱法》	HJ 735—2015	行业标准
33	《土壤和沉积物 有机物的提取 加压流体萃取法》	HJ 783—2016	行业标准
34	《土壤和沉积物 多环芳烃的测定 高效液相色谱法》	HJ 784—2016	行业标准
35	《土壤、沉积物 二噁英类的测定 同位素稀释/高分辨气相色谱-低分辨质谱法》	HJ 650—2013	行业标准
36	《土壤和沉积物 多氯联苯的测定 气相色谱-质谱法》	HJ 743—2015	行业标准
37	《土壤和沉积物 挥发性芳香烃的测定 顶空/气相色谱法》	HJ 742—2015	行业标准
38	《土壤和沉积物 挥发性有机物的测定 顶空/气相色谱法》	HJ 741—2015	行业标准
39	《土壤 毒鼠强的测定 气相色谱法》	HJ 614—2011	行业标准
40	《土壤和沉积物 酚类化合物的测定 气相色谱法》	HJ 703—2014	行业标准
41	《土壤和沉积物 丙烯醛、丙烯腈、乙腈的测定 顶空-气相色谱法》	HJ 679—2013	行业标准
42	《土壤和沉积物 挥发性有机物的测定 顶空/气相色谱-质谱法》	HJ 642—2013	行业标准
43	《土壤 水溶性和酸溶性硫酸盐的测定 重量法》	HJ 635—2012	行业标准
44	《土壤和沉积物 挥发性有机物的测定 吹扫捕集/气相色谱-质谱法》	HJ 605—2011	行业标准
45	《土壤和沉积物 二噁英类的测定 同位素稀释高分辨气相色谱-高分辨质谱法》	HJ 77.4—2008	行业标准
46	《土壤质量 六六六和滴滴涕的测定 气相色谱法》	GB/T 14550—2003	国家标准

2. 土壤环境标准需求

广西土壤环境状况总体一般，部分区域土壤污染较重，工矿业废弃地土壤环境问题突出，土壤环境管理要求迫切，支撑土壤环境管理的标准体系也亟待进一步健全和完善。

（1）质量标准需求

①制定广西土壤环境背景值。

土壤分农用地和建设用地两类进行评价，农用地适用于《农用地标准》（GB 15618—2018），建设用地适用于《建设用地标准》（GB 36600—2018）。《建设用地标准》各项指标土壤标准限值远高于《农用地标准》，与《土壤环境质量标准》（旧标准）相比，《农用地标准》（新标准）农用地土壤中铅标准限值降低，镉、汞标准限值稍有升高（图 4-2）。

国内仍然存在不同部门制定的标准限值不统一的情况，如生态环境部制定的《农用地标准》（GB 15618—2018）与农业农村部制定的《水稻生产的土壤镉、铅、铬、汞、砷安全阈值》（GB/T 36869—2018）标准限值不统一；现行标准《温室蔬菜产地环境质量评价标准》（HJ 333—2006）、《食用农产品产地环境质量评价标准》（HJ 332—2006）与《建设用地标准》（GB 36600—2018）标准限值不统一（表 4-7～表 4-12）。

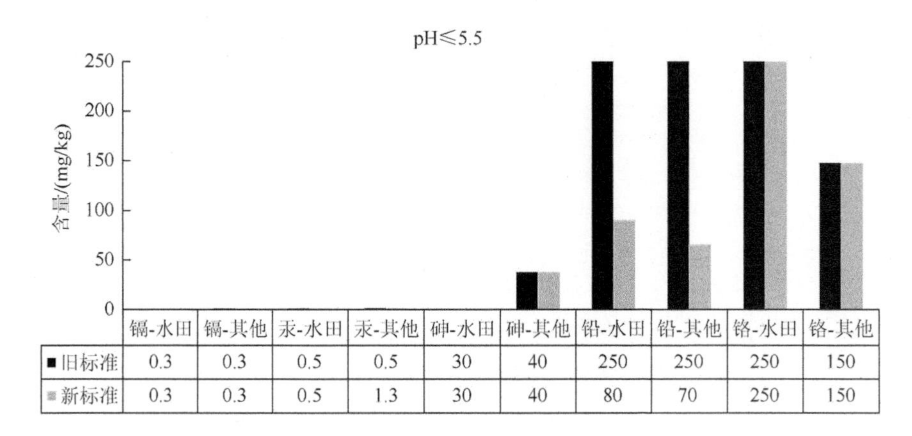

	镉-水田	镉-其他	汞-水田	汞-其他	砷-水田	砷-其他	铅-水田	铅-其他	铬-水田	铬-其他
■旧标准	0.3	0.3	0.5	0.5	30	40	250	250	250	150
■新标准	0.3	0.3	0.5	1.3	30	40	80	70	250	150

(a)

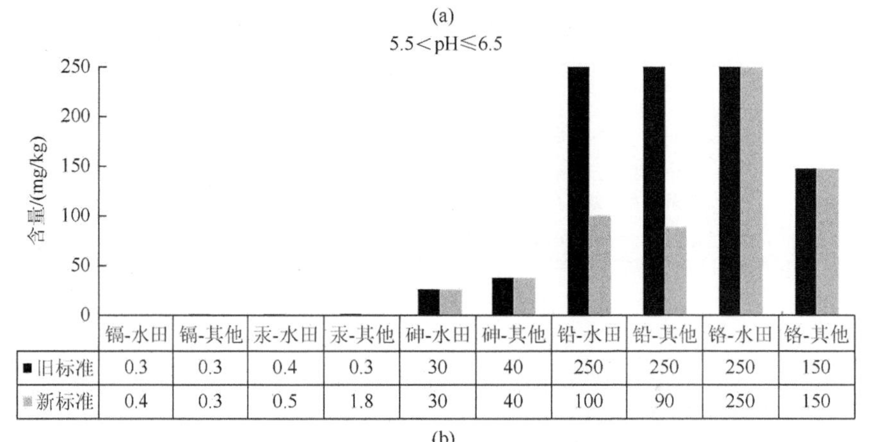

	镉-水田	镉-其他	汞-水田	汞-其他	砷-水田	砷-其他	铅-水田	铅-其他	铬-水田	铬-其他
■旧标准	0.3	0.3	0.4	0.3	30	40	250	250	250	150
■新标准	0.4	0.3	0.5	1.8	30	40	100	90	250	150

(b)

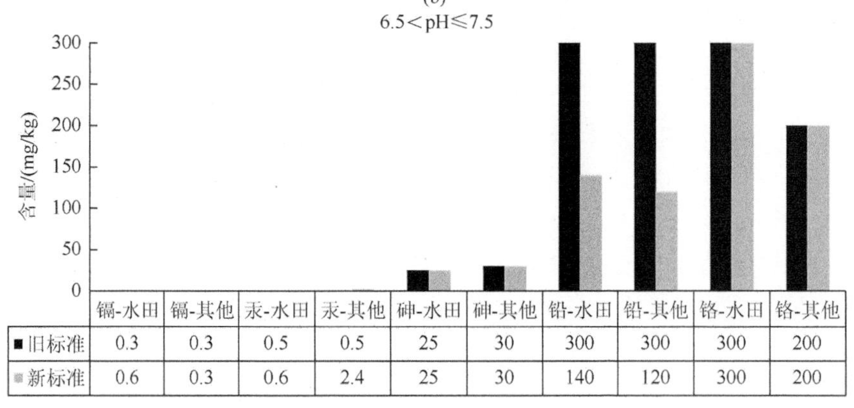

	镉-水田	镉-其他	汞-水田	汞-其他	砷-水田	砷-其他	铅-水田	铅-其他	铬-水田	铬-其他
■旧标准	0.3	0.3	0.5	0.5	25	30	300	300	300	200
■新标准	0.6	0.3	0.6	2.4	25	30	140	120	300	200

(c)

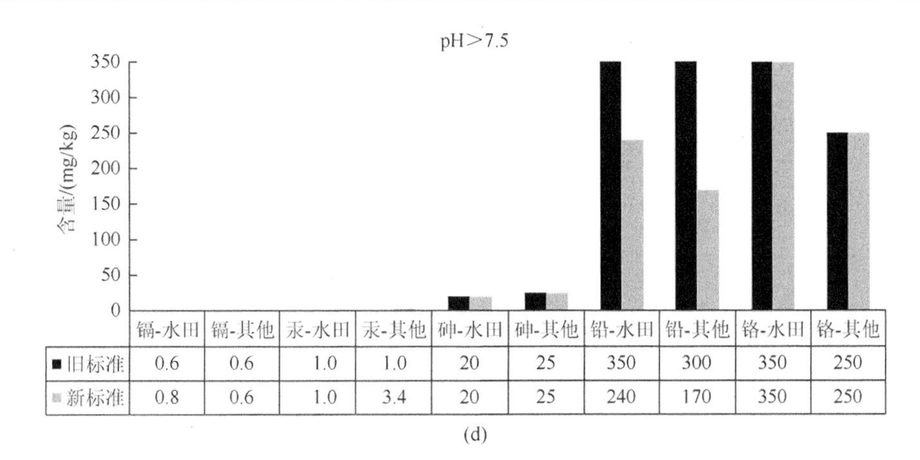

图 4-2　农用地土壤中镉、汞、砷、铅、铬标准限值对比图

表 4-7　国家土壤环境管理规范类标准部分冲突情况

序号	标准名称	标准编号	标准级别	备注
1	土壤环境质量 农用地土壤污染风险管控标准（试行）	GB 15618—2018	国家标准	
2	土壤环境质量 建设用地土壤污染风险管控标准（试行）	GB 36600—2018	国家标准	
3	温室蔬菜产地环境质量评价标准	HJ 333—2006	行业标准	与 GB 36600—2018 冲突
4	食用农产品产地环境质量评价标准	HJ 332—2006	行业标准	
5	种植根茎类蔬菜的旱地土壤镉、铅、铬、汞、砷安全阈值	GB/T 36783—2018	国家标准	与 GB 15618—2018 冲突
6	水稻生产的土壤镉、铅、铬、汞、砷安全阈值	GB/T 36869—2018	国家标准	

表 4-8　《土壤环境质量 农用地土壤污染风险管控标准（试行）》（GB 15618—2018）中农用地土壤污染风险筛选值（基本项目）

序号	污染物项目①②		风险筛选值			
			pH≤5.5	5.5＜pH≤6.5	6.5＜pH≤7.5	pH＞7.5
1	镉	水田	0.3	0.4	0.6	0.8
		其他	0.3	0.3	0.3	0.6
2	汞	水田	0.5	0.5	0.6	1.0
		其他	1.3	1.8	2.4	3.4
3	砷	水田	30	30	25	20
		其他	40	40	30	25
4	铅	水田	80	100	140	240

续表

序号	污染物项目[①②]		风险筛选值			
			pH≤5.5	5.5＜pH≤6.5	6.5＜pH≤7.5	pH＞7.5
4	铅	其他	70	90	120	170
5	铬	水田	250	250	300	350
		其他	150	150	200	250
6	铜	果园	150	150	200	200
		其他	50	50	100	100
7	镍		60	70	100	190
8	锌		200	200	250	300

注：①重金属和类金属砷均按元素总量计；②对于水旱轮作地，采用“其他”类别中较严格的风险筛选值。

表 4-9 《水稻生产的土壤镉、铅、铬、汞、砷安全阈值》（GB/T 36869—2018）中水稻生产的土壤镉、铅、铬、汞、砷安全阈值

项目	安全阈值[①]/mg·kg							
	pH＜5		5≤pH＜6		6≤pH＜7		pH≥7	
	OM[②]＜20	OM≥20	OM＜20	OM≥20	OM＜20	OM≥20	OM＜20	OM≥20
镉	0.20	0.25	0.25	0.25	0.30	0.35	0.45	0.50
铅	55	60	70	75	120	135	225	250
铬	110	135	125	150	160	195	210	270
汞	0.45	0.55	0.50	0.65	0.60	0.80	0.80	1.05
砷	25	30	20	25	20	20	15	20

注：①安全阈值按土壤 pH 和有机质含量进行分组；②OM 为有机质含量，单位为 g/kg。

表 4-10 《食用农产品产地环境质量评价标准》（HJ 332—2006）中土壤环境质量评价指标限值[①]（单位：mg/kg）

项目[②]			pH＜5.5	pH6.5～7.5[③]	pH＞7.5
土壤环境质量基本控制项目					
总镉	水作、旱地、果树等	≤	0.30	0.30	0.60
	蔬菜	≤	0.30	0.30	0.40
总汞	水作、旱地、果树等	≤	0.30	0.50	1.00
	蔬菜	≤	0.25	0.30	0.35
总砷	旱地、果树等	≤	40	30	25
	水作、蔬菜	≤	30	25	20
总铅	水作、旱地、果树等	≤	80	80	80
	蔬菜	≤	50	50	50
总铬	旱作、蔬菜、果树等	≤	150	200	250
	水作	≤	250	300	350

续表

项目[2]		pH＜5.5	pH6.5～7.5[3]	pH＞7.5
土壤环境质量基本控制项目				
总铜　水作、旱作、蔬菜、柑桔等	≤	50	100	100
果树	≤	150	200	200
六六六[4]	≤	0.10	0.10	0.10
滴滴涕[4]	≤	0.10	0.10	0.10
土壤环境质量选择控制项目				
总锌	≤	200	250	300
总镍	≤	40	50	60
稀土总量（氧化稀土）	≤	背景值[5] ＋10	背景值 ＋15	背景值 ＋20
全盐量	≤		1 000　　2 000[6]	

注：①对实行水旱轮作、菜粮套种或果粮套种等种植方式的农地，执行其中较低标准值的一项作物的标准值；②重金属（铬主要是三价）和砷均按元素量计，适用于阳离子交换量大于 5 cmol(＋)/kg 的土壤，若小于或等于 5 cmol(＋)/kg，其标准值为表内数值的半数；③若当地某些类型土壤 pH 变异范围在 6.0～7.5，鉴于土壤对重金属的吸附率，在 pH6.0 时接近 pH6.5，pH6.5～7.5 组可考虑在该地扩展为 pH6.0～7.5；④六六六为 4 种异构体总量，滴滴涕为 4 种衍生物总量；⑤背景值：采用当地土壤母质相同、土壤类型和性质相似的土壤背景值；⑥适用于半漠境及漠境区。

表 4-11　《温室蔬菜产地环境质量评价标准》（HJ 333—2006）中土壤环境质量评价指标限值（单位：mg/kg）

项目[1]		pH＜5.5	pH6.5～7.5[2]	pH＞7.5
土壤环境质量基本控制项目				
总镉	≤	0.30	0.30	0.40
总汞	≤	0.25	0.30	0.35
总砷	≤	30	25	20
总铅	≤	50	50	50
总铬	≤	150	200	250
六六六[3]	≤	0.10	0.10	0.10
滴滴涕[4]	≤	0.10	0.10	0.10
全盐量	≤	2000	2000	2000
土壤环境质量选择控制项目				
总铜	≤	50	100	100
总锌	≤	200	250	300
总镍	≤	40	50	60

注：①重金属和砷均按元素量计，适用于阳离子交换量大于 5 cmol(＋)/kg 的土壤，若小于或等于 5 cmol(＋)/kg，其标准值为表内数值的半数；②若当地某些类型土壤 pH 变异范围在 6.0～7.5，鉴于土壤对重金属的吸附率，在 pH6.0 时接近 pH6.5，pH6.5～7.5 组可考虑在该地扩展为 pH6.0～7.5；③六六六为 4 种异构体（α-666、β-666、γ-666、δ-666）总量；④滴滴涕为 4 种衍生物（p, p'-DDE、o, p'-DDT、P, P'-DDD、P, P'-DDT）总量。

表 4-12　《种植根茎类蔬菜的旱地土壤镉、铅、铬、汞、砷安全阈值》（GB/T 36783—2018）中种植根茎类蔬菜的旱地土壤镉、铅安全阈值

项目	安全阈值[①]/(mg·kg)											
	pH≤5.5			5<pH≤6.5			6.5<pH≤7.5			pH>7.5		
	OC[②]≤10	10<OC<30	OC≥30	OC≤10	10<OC<30	OC≥30	OC≤10	10<OC<30	OC≥30	OC≤10	10<OC<30	OC≥30
总镉	0.20	0.25	0.30	0.30	0.35	0.40	0.40	0.45	0.50	0.50	0.60	0.70
总铅	40	50	60	60	80	90	90	130	160	160	230	290

注：①安全阈值按土壤 pH 和有机碳含量进行分组；②OC 为有机碳含量，单位为 g/kg。

《农用地标准》《建设用地标准》均从土壤环境管理角度，按土壤风险管控的思路进行风险筛查和分类，指导农用地土壤的安全利用，保障农产品质量安全，规定了全国统一的筛选值和管制值。广西是典型的地质高背景地区，用此标准评价广西土壤环境质量，可能出现大面积无人为影响却超过标准的区域，不利于广西土壤环境质量管理。《建设用地标准》定义了土壤环境背景值，即基于土壤环境背景含量的统计值，以土壤环境背景含量的某一分位值表示。其中，土壤环境背景含量是指在一定时间条件下，仅受地球化学过程和非点源输入影响的土壤中元素或化合物的含量；该标准附录 A 列出了各主要类型土壤中砷、钴和钒的土壤环境背景值，未列广西土壤主要超过国家标准的镉元素土壤环境背景参考值，以及少量特征污染物，如铊、锑等，广西需根据《区域性土壤环境背景含量统计技术导则（试行）》（HJ 1185—2021），制定本地重金属土壤环境背景值。

②制定农用地土壤重金属活性标准。

土壤环境质量评价中往往出现某种元素（如镉）在某些地区的土壤（如南方酸性红壤）上，土壤不超标但农产品却超标现象，或在某些高背景地区土壤中，出现土壤超标但农产品不超标现象，因此广西需要深入分析土壤中重金属含量对农产品的影响因素，制定农用地土壤重金属活性标准。

（2）土壤环境管理规范类标准

①制定土壤环境数据库标准。目前信息技术发展速度极快，但国内没有数据库管理等相关技术文件，因此制定广西农用地土壤环境数据库技术规范，可用于广西农用地土壤数据管理。

②制定土壤环境风险管控标准。广西是典型的地质高背景地区，不同成土母质中重金属含量差别极大，广西需要根据成土母质划分重点区域和非重点区域，根据不同区域，制定重金属风险管控标准。

（3）监测标准

常用的测定重金属的方法是原子吸收分光光度法，但以该方法为基础的方法标准（如铜、锌、镍、铅、铬的测定方法）是1997年颁布的，且分散在《土壤质量 铜、锌的测定 火焰原子吸收分光光度法》（GB/T 17138—1997）、《土壤质量 镍的测定 火焰原子吸收分光光度法》（GB/T 17139—1997）和《土壤质量 铅、镉的测定 石墨炉原子吸收分光光度法》（GB/T 17141—1997）3个标准中，这意味着要分析一个土壤样品中的铜、锌、镍、铅、铬5种元素时，至少要使用3种不同的标准分析方法，不但耗费较大的人力成本，而且时效性较差。广西需制定或修订土壤多环芳烃、石油烃、铜、锌等污染物的测定方法。

4.1.5 声环境标准适用性及标准需求

1. 声环境标准状况

随着我国近年来城市规模的不断扩大，以及环境管理需求的逐渐提高，现行的各类声环境标准因其实施年代较久，在实践中所呈现的问题也日益明显，因此，全面开展声环境标准修订与地方标准的制定势在必行。

①现行的声环境监测技术规范《环境噪声监测技术规范 城市声环境常规监测》（HJ 640—2012）中对监测频次的规定为：城市区域昼间噪声每年开展1次，夜间噪声每5年开展1次，每个监测点位测量10min；道路交通昼间噪声每年开展1次，夜间噪声每5年开展1次，每个监测点位测量20min；城市功能区声环境质量监测每季度开展1次，每个监测点位每次监测24h。从近几年的城市声环境常规监测结果来看，监测数据反映广西城市声环境质量状况较好，但是噪声扰民投诉量却居高不下，其主要原因是声环境监测频率太低，特别是对于城市区域声环境和道路交通声环境，即使在同一个监测点位，一天之内不同时段的噪声水平变化也比较大，因此短时间的随机监测根本无法客观评价具体点位的噪声排放水平，难以反映城市噪声污染真实水平，从而客观上造成了监测数据达标但噪声扰民依然严重的现象。

②在道路交通声环境监测方面，目前监测的不仅仅是噪声等效声级，还包括道路宽度、道路长度、平均车流量等参数。但在对道路交通声环境进行评价时，汽车保有量、车辆类型、平均车流量、道路等级、车道数量等作为影响道路交通噪声等效声级的关键因素，却并未参与评价，这也在一定程度上使得道路交通噪声监测结果无法客观、科学地反映出实际情况。

③在现行的《环境噪声监测技术规范 城市声环境常规监测》（HJ 640—2012）中，城市区域声环境和道路交通声环境评价的都是一个城市的声环境总体水平，而各个城市区域、各条道路的噪声排放都具有差异性，各城市道路交通管理和治理水平也各有不同，现有的评价方式使得这些差异性被覆盖，管理者难以发现具

体监测点位存在的具体问题，因此也不利于监测数据的质量保证和具体点位的声环境治理。

④南北方的生活习惯不同，根据 2017 年《第一财经周刊》发布的一份“中国城市夜生活指数”排名，在全国 338 个地级以上城市中，夜生活指数排名前 20 名的城市，南方城市占了 17 个，北方城市仅有北京、青岛和西安。由此可见，南北地区生活习惯多有差异，以同一份评价标准对所有地区“一刀切”，显然不太合理。因此，亟须加强地方立法及地方标准的建设。

⑤在《工业企业厂界环境噪声排放标准》（GB 12348—2008）中对背景噪声的修正方法作了一些规定，例如在测定值与背景值差值为 3～10 dB 时有明确的修正规则，但是对于测量值与背景值相差小于 3 dB 时的修订规定并不明确。此外，在标准的修正表中各修正值均为整数，标准限值也为整数，而在实际的噪声测量当中，测量值与背景值的差多为小数点后一位，使得相关标准的规范和统一性略显不足。

2. 声环境标准需求

随着全球经济和城市化建设的发展，城市噪声污染问题日益突出，已受到全世界的普遍关注。目前，不同国家采用的声环境质量标准有所不同，对于噪声的特性关注程度也有所不同。比如在美国，仍然采用昼夜声级 DNL 55 dB 作为室外界定噪声污染是否需要控制的临界值；而在日本，《环境基本法》中规定了噪声的通用标准和公路标准，并考虑到土地的不同使用情况以及不同的时间段。

环境标准是科学管理环境的技术基础，是判定环境质量优劣的依据，如果没有切合实际的环境标准，将难以进行环境管理。针对现行噪声相关标准的不足和空缺，需加快研究和制定完善我国声环境基础标准体系，逐步形成符合地方特色的基础性标准，当务之急是加强如下工作。

①针对目前声环境监测频次低，监测数据不能客观反映城市实际水平的问题，需要加快城市声环境自动化监测能力建设，与此同时，需要制定《城市功能区噪声自动监测技术规范》、《城市道路交通噪声自动监测技术规范》及《噪声自动监测设备安装及运维技术规范》等标准与之配套。

②针对《环境噪声监测技术规范 城市声环境常规监测》（HJ 640—2012）中不完善、未涉及的内容，需要制定相应的地方标准加以完善，在地方标准中增加各类噪声评价方式以增强其科学性；建立一套与管理水平联系更紧密的评价体系，如对于道路交通声环境的评价，应将道路交通噪声源强值与汽车保有量、车辆类型、平均车流量、道路等级、车道数量等影响因素关联起来，纳入评价的考虑因素；对于城市区域声环境的评价，应将人口密度、建成区面积等纳入评价的考虑因素。

③针对《工业企业厂界环境噪声排放标准》（GB 12348—2008）中测量值与背景值相差小于 3 dB 的情况，以及测定值小数位数与背景值不统一的情况，制定相应的地方标准予以完善，进一步规范和统一标准中背景噪声值的修正方法，做到不留疑点，准确对号入座，进一步提高标准的可操作性。

④完善地方声环境管理办法或规定，使之适应广西城市建设和发展中出现的新的声环境问题和发展趋势，强化管理办法或规定的可操作性。针对各城市地域差异，需要新建适合广西地方的城市声环境质量评价指南、工业和社会生活噪声污染排放标准等地方标准，逐步形成符合地方特点的基础性标准。

4.1.6　生态环境标准适用性及标准需求

1. 生态环境标准状况

2006 年，为贯彻《中华人民共和国环境保护法》，加强生态环境保护，评价我国生态环境状况及变化趋势，首次制定了《生态环境状况评价技术规范》，2015 年进行了第一次修订，适用于评价我国县域、省域和生态区的生态环境状况及变化趋势。此外，还相继出台了一些生物多样性观测、评价技术规范、导则等（表 4-13）。

表 4-13　生态环境标准体系

类别	标准（或规范）名称	标准编号	备注
资源开发生态管理标准	《自然保护区管理评估规范》	HJ 913—2017	行业标准
	《国家生态工业示范园区标准》	HJ 274—2015	行业标准
	《自然保护区管护基础设施建设技术规范》	HJ/T 129—2003	行业标准
	《海洋自然保护区类型与级别划分原则》	GB/T 17504—1998	国家标准
	《自然保护区类型与级别划分原则》	GB/T 14529—1993	国家标准
生态质量评价技术规范	《生态环境状况评价技术规范》	HJ 192—2015	行业标准
	《区域生物多样性评价标准》	HJ 623—2011	行业标准
	《外来物种环境风险评估技术导则》	HJ 624—2011	行业标准
监测调查分析技术基础标准	《生物多样性观测技术导则 蜜蜂类》	HJ 710.13—2016	行业标准
	《生物多样性观测技术导则 两栖动物》	HJ 710.6—2014	行业标准
	《生物多样性观测技术导则 陆生哺乳动物》	HJ 710.3—2014	行业标准
	《生物多样性观测技术导则 地衣和苔藓》	HJ 710.2—2014	行业标准
	《生物多样性观测技术导则 大中型土壤动物》	HJ 710.10—2014	行业标准
	《生物多样性观测技术导则 蝴蝶》	HJ 710.9—2014	行业标准
	《生物多样性观测技术导则 淡水底栖大型无脊椎动物》	HJ 710.8—2014	行业标准

续表

类别	标准（或规范）名称	标准编号	备注
监测调查分析技术基础标准	《生物多样性观测技术导则 爬行动物》	HJ 710.5—2014	行业标准
	《生物多样性观测技术导则 陆生维管植物》	HJ 710.1—2014	行业标准
	《生物多样性观测技术导则 鸟类》	HJ 710.4—2014	行业标准
	《生物多样性观测技术导则 内陆水域鱼类》	HJ 710.7—2014	行业标准
	《生物多样性观测技术导则 大型真菌》	HJ 710.11—2014	行业标准
	《生物多样性观测技术导则 水生维管植物》	HJ 710.12—2016	行业标准
	《矿山生态环境保护与恢复治理方案（规划）编制规范（试行）》	HJ 652—2013	行业标准
	《生物遗传资源采集技术规范（试行）》	HJ 628—2011	行业标准

2. 生态环境标准需求

目前，国家生态状况方面的标准体系由生态质量评价技术规范、资源开发生态管理标准及监测调查分析技术基础标准三大类组成，但现行的标准以资源开发生态管理标准为主，生态质量评价技术规范和监测调查分析技术基础标准欠缺。

（1）建立区域生态环境质量评价标准

以广西 46 个重点生态功能区县以及非重点生态功能区县为对象，对《生态环境状况评价技术规范》的适用性进行验证，2015～2018 年生态环境状况及 5 个分指标评价结果见表 4-14。

表 4-14　2015～2018 年广西重点与非重点生态功能区县数据对比

年份	县域	生物丰度指数	植被覆盖指数	水网密度指数	土地胁迫指数	污染负荷指数	生态环境状况指数
2015	重点生态功能区县	64.8	93.0	58.2	8.5	33.9	74.9
	非重点生态功能区县	52.7	85.1	70.6	13.4	65.7	66.3
2016	重点生态功能区县	64.5	93.5	71.8	8.5	26.7	77.8
	非重点生态功能区县	53.6	84.8	82.3	13.6	52.2	70.1
2017	重点生态功能区县	83.8	87.8	73.3	8.6	23.9	83.5
	非重点生态功能区县	64.3	84.5	82.1	13.0	52.4	73.8

从表 4-14 中可以看出，重点生态功能区县在生物丰度指数、植被覆盖指数方面优于非重点生态功能区县，水网密度指数低于非重点生态功能区县，土地胁迫指数、污染负荷指数明显低于非重点生态功能区县。深入分析广西重点生态功能区县，属于限制开发区，主要分布于桂西、桂西北的百色、河池 2 市，部分处于喀斯特石漠化防治区域，水资源相对比较缺乏。本书的评价结果与重

点生态功能区定位相符。

为验证现行《生态环境状况评价技术规范》在广西的适用性，本文参照钱贞兵等的方法，利用 IBM SPSS Statistics19 中单因素方差分析，对 2015～2017 年生态环境状况指数、生物丰度指数、植被覆盖指数、水网密度指数、土地胁迫指数、污染负荷指数在重点生态功能区县与非重点生态功能区县间的差异性进行分析。分析结果如图 4-3。

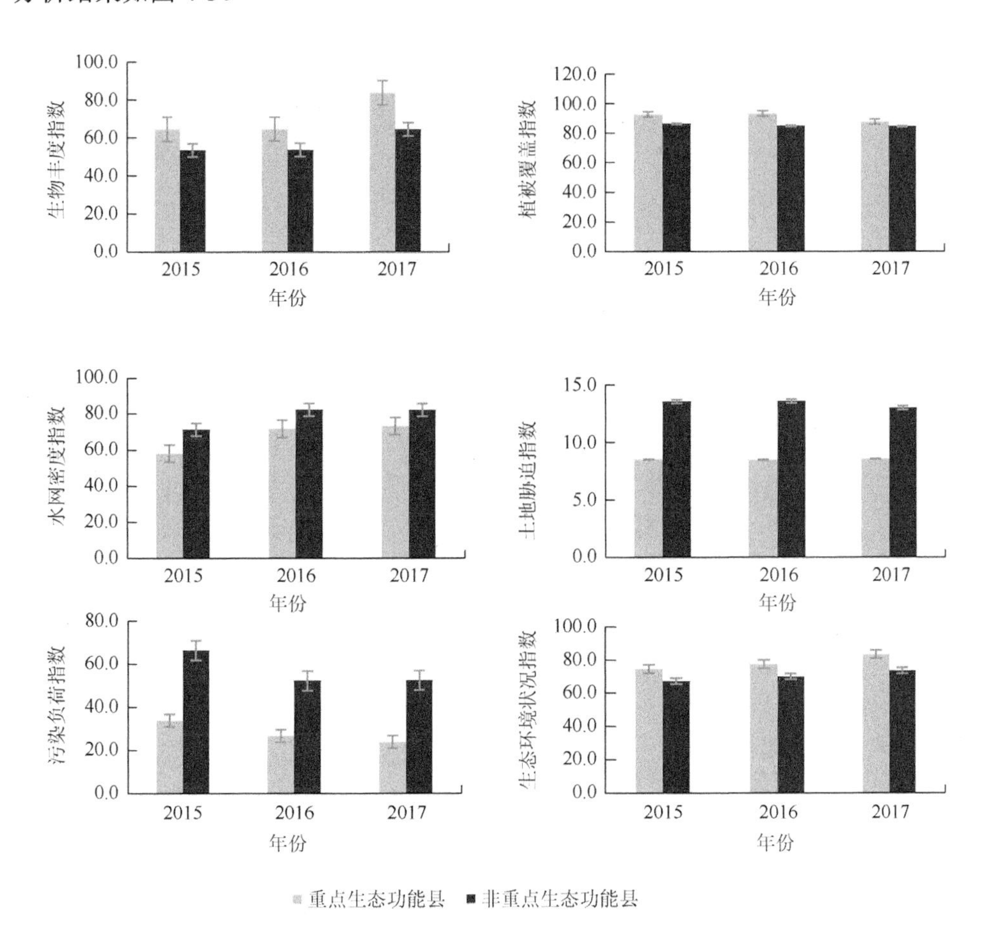

图 4-3　2015～2017 年生态环境状况及分指数差异性分析

对重点生态功能县和其他县 2 组生态环境状况指标数据进行差异度分析，2015～2017 年，重点生态功能区县生物丰度指数明显高于其他县（2015 年 $F=16.18$，$P<0.001$；2016 年 $F=16.91$，$P<0.001$；2017 年 $F=56.19$，$P<0.001$）；重点生态功能区县植被覆盖指数高于其他县（2015 年 $F=25.47$，$P<0.001$；2016 年 $F=27.92$，$P<0.001$；2017 年 $F=6.75$，$P=0.01$）；重点生态功能区

县水网密度指数低于其他县（2015 年 $F = 6.77$，$P = 0.01$；2016 年 $F = 8.08$，$P = 0.005$；2017 年 $F = 8.63$，$P = 0.004$）；重点生态功能区县土地胁迫指数明显低于其他县（2015 年 $F = 33.74$，$P < 0.001$；2016 年 $F = 34.66$，$P < 0.001$；2017 年 $F = 28.78$，$P < 0.001$）；重点生态功能区县污染负荷指数低于其他县（2015 年 $F = 37.24$，$P < 0.001$；2016 年 $F = 21.44$，$P < 0.001$；2017 年 $F = 30.97$，$P < 0.001$）。从 2015～2017 年 3 组数据差异性分析结果可以看出，5 个分指标均有显著性差异，生物丰度在重点生态功能区县占有明显的优势，植被覆盖在重点生态功能区县高于其他县，水网密度、土地胁迫和污染负荷在重点生态功能区县低于其他县。数据差异性评价结果与实际情况相符，与评价结果一致。

综上所述，现行的生态环境状况评价指标体系利用一个综合指数（生态环境状况指数，*EI*）反映区域生态环境的整体状态，指标体系包括生物丰度指数、植被覆盖指数、水网密度指数、土地胁迫指数、污染负荷指数 5 个分指数。5 个分指数分别反映被评价区域内生物的丰贫、植被覆盖率的高低、水的丰富程度、遭受的胁迫强度、承载的污染物压力。

根据验证结果，现行的《生态环境状况评价技术规范》适用于广西生态环境质量评价。但依然存在以下问题：一是现行的《生态环境状况评价技术规范》基本可客观地反映广西生态环境质量，但是从各指标数及获取途径方面分析，也发现一些问题。如指标数较多（37 个），获取不便捷；部分指标如生物丰度指数、植被覆盖指数获取受到遥感影像解译人员技术及主观影响较大，同时也受到影像分辨率的影响；二是土地胁迫指数、污染负荷指数、水网密度指数受限于历年的统计数据，导致评价结果在时间方面的滞后性，跟不上管理需求；三是广西生态环境整体状况比较好，呈现逐年上升趋势，但是评价结果只有 5 个等级，多集中在优和良，不利于推动各市、县精细化考核管理。随着环境管理对生态环境综合状况评价的需求不断增长，有必要探索一种时效性更强、数据获取更加稳定的区域生态环境状况评价技术规范。

（2）建立典型生态系统环境质量评价技术规范

2016 年以来，广西参照国家的监测技术方案开展典型森林生态系统地面监测，限于生物及环境要素指标的监测，仅反映了日常生活环境的某一侧面，没有明确评价方法，得出的结果也无法满足环境管理以及公众对生态信息的需求。国际上在生物多样性与生态系统功能、人类-自然生态系统的相互耦合关系以及气候变化对生态系统结构功能影响方面开展了较多研究；国内对生态系统服务价值、生态系统健康评价、生态系统质量评估等方面的评价方法开展了很多研究，林业部门已制定了《森林生态系统服务功能评估规范》（LY/T 1721—2008）。党的十九大报告提出，我国社会主要矛盾已经转化为人民日益增长的美好生活需要和不平衡不充分的发展之间的矛盾。公众对生态产品的需求日益增长，需构建典型生态系统环境质量评价指标体系，既服务于生态资源资产审计、生态保护红线管控、生态风险防控以及生态保护成效评估等管理需求，又满足生态环境、人居环境评价等公众需求。

（3）建立生态遥感监测野外核查技术规范和遥感解译野外标准库

广西地形地势复杂，由于地形因素的多样性、遥感数据成像质量的不可控性、影像成像时间的差异性等因素，解译过程中出现同物异谱、异物同谱现象，以及解译人员专业背景差异、解译经验积累差异造成的判读信息有出入、精确度不高等，使得遥感影像解译成果存在一定的偏差。为了提高遥感监测工作质量，有必要开展野外核查，规范野外核查技术规范，建立地方的生态遥感解译野外标准库，指导监测人员开展解译。

4.1.7　固体废物及其他标准适用性及标准需求

1. 固体废物及其他标准状况

除危险废物、放射性废物相关标准和实验方法标准外的城镇、工业、农业和农村三大领域固体废物相关现行标准共 336 项，其中国家标准 53 项，行业标准 146 项，地方标准 137 项。按照产生源头分类，城镇固废标准的数量和种类明显多于工业固废、农业和农村固废。从标准发布年代看，2005 年后，各类相关标准出台进入快车道，尤其是 2010 年后，地方标准出台数量持续超过行业标准，表明地方政府对于固废污染的重视程度和总体治理力度不断加大。危险废物相关标准有 11 项，固体废物实验室方法标准有 36 项，其中有机类 18 项、理化类 5 项、重金属类 13 项。

主要固体废物相关标准（除分析方法外）见表 4-15。

表 4-15　主要固体废物相关标准（除分析方法外）

序号	标准名称	标准编号	标准级别
1	《含多氯联苯废物污染控制标准》	GB 13015—2017	国家标准
2	《生活垃圾填埋场污染控制标准》	GB 16889—2008	国家标准
3	《危险废物焚烧污染控制标准》	GB 18484—2020	国家标准
4	《生活垃圾焚烧污染控制标准》	GB 18485—2014	国家标准
5	《危险废物贮存污染控制标准》	GB 18597—2001	国家标准
6	《危险废物填埋污染控制标准》	GB 18598—2019	国家标准
7	《一般工业固体废物贮存、处置场污染控制标准》	GB 18599—2020	国家标准

续表

序号	标准名称	标准编号	标准级别
8	《医疗废物转运车技术要求（试行）》	GB 19217—2003	国家标准
9	《医疗废物焚烧炉技术要求（试行）》	GB 19218—2003	国家标准
10	《水泥窑协同处置固体废物污染控制标准》	GB 30485—2013	国家标准
11	《农用污泥污染物控制标准》	GB 4284—2018	国家标准
12	《危险废物鉴别技术规范》	HJ 298—2019	行业标准
13	《危险废物鉴别标准 腐蚀性鉴别》	GB 5085.1—2007	国家标准
14	《危险废物鉴别标准 急性毒性初筛》	GB 5085.2—2007	国家标准
15	《危险废物鉴别标准 浸出毒性鉴别》	GB 5085.3—2007	国家标准
16	《危险废物鉴别标准 易燃性鉴别》	GB 5085.4—2007	国家标准
17	《危险废物鉴别标准 反应性鉴别》	GB 5085.5—2007	国家标准
18	《危险废物鉴别标准 毒性物质含量鉴别》	GB 5085.6—2007	国家标准
19	《危险废物鉴别标准 通则》	GB 5085.7—2019	国家标准
20	《固体废物 浸出毒性浸出方法 翻转法》	GB 5086.1—1997	国家标准
21	《生活垃圾卫生填埋处理技术规范》	GB 50869—2013	国家标准
22	《生活垃圾卫生填埋场封场技术规范》	GB 51220—2017	国家标准
23	《城镇污水处理厂污泥处置 混合填埋用泥质》	GB/T 23485—2009	国家标准
24	《工业固体废物采样制样技术规范》	HJ/T 20—1998	行业标准

现行的固体废物标准存在多方面的问题。

①《危险废物鉴别标准》鉴别项目涵盖面较窄。《危险废物鉴别标准》鉴别项目包括腐蚀性、易燃性、反应性、浸出毒性、毒性物质含量和急性毒性，包括化学指标和生物指标，但鉴别项目涵盖面较窄，尤其是浸出毒性标准的物质较少，样品检出物质不在浸出毒性鉴别的危害成分项目名录之列的情况时有发生，给危险废物鉴别带来不确定性，进而给固体废物决策管理带来一定风险。如印染废水污泥鉴定中，部分染料及染料助剂等大分子物质未包含在浸出毒性或毒性物质含量的因子中。

②《国家危险废物名录》对危险废物部分特性发生本质变化的情况未予详细说明。对行业及工艺的限定不明确，对一些涉及危险废物种类繁多、数量大的企业（如化工企业），《国家危险废物名录》对行业的认定过于笼统，造成基层工作人员难以准确地确定企业的危险废物种类。《国家危险废物名录》中明确了行业类别、废物来源、废物代码、危险特性，但对于名录构成的对应情况无

明确规定，往往造成行业类别与废物来源等无法完全对应，从而使得在判别危险废物类别时出现偏差。副产品和危险废物界定模糊，管理责任不清，部分企业为降低危险废物处置成本，将危险废物作为副产品销售，规避环保部门监管，造成了环境隐患。未确定分类优先原则，如苯酐残渣，在实际管理中，有的根据其危害成分归为HW34废酸，有的根据其行业来源归为HW11精（蒸）馏残渣。当一种危险废物同时含有两种或两种以上危害成分时，优先依据哪一种分类，同样未明确。对危险废物产生的工艺流程描述不够细致和全面，描述用语甚至存在歧义，加之修订不及时，导致可操作性不强。HW46类900-037-46报废的镍催化剂中“报废”可理解为失去活性可再生的，也可理解为不能再生需最终处置的。

③污染来源唯一性和排他性的技术规范存在空白。目前，溯源技术在大气、水、土壤和固体废物污染鉴别中发挥作用有限，当污染和纠纷发生时，如2011年左江水质石油类污染、2012年的龙江河镉污染和2016年的跨省转移危废事件，污染来源鉴别查找嫌疑点是环境案件的重要工作，但往往因果关系缺乏判断依据。《指印鉴定规范》（SJB-D-1VIII—2003）是司法鉴定行业涉及具体指印鉴定较早的规范性文件。《海面溢油鉴别系统规范》采用油指纹鉴别方法鉴别海面溢油事件的油源，该规范于1997年发布，2007年进行第一次修订，2019年进行第二次修订。在环境污染事件中，常出现嫌疑人相互推诿的现象，一旦启动司法程序，需要提供唯一性和排他性的证明，而我国环境监测领域的技术规范对污染来源鉴别方面并未作规定，导致证据无法形成闭环，司法证明材料的法律效力低。

④现场快速测定及鉴定方法标准欠缺。应融合国际的先进检测技术，不断改进分析方法，制定相应的快速测定标准，缩短监测周期。“十三五”国家环境保护标准制修订项目清单列出了包含《固定污染源废气 VOCs的测定 便携气相色谱 质谱法》在内的9项监测分析方法标准和《便携式VOCs监测仪技术要求及检测方法》1项技术规范，但未包含国外成熟的浊度法测定石油烃、电化学法测定多氯联苯和荧光法测定多环芳烃等快速测定方法。

2. 固体废物及其他标准需求

①现场快速测定及鉴定方法标准。采用国内外快速检测仪器进行现场初判，如浊度法测定石油烃、电化学法测定多氯联苯和荧光法测定多环芳烃等快速测定方法。

②制定污染来源鉴别技术规范，为环境污染事件的来源鉴别提供因果关系的判断依据。

4.2　广西地方生态环境标准体系构建目的、原则、方法和特点

标准体系是指一定范围内的标准按其内在联系形成的科学的有机整体，广西根据目前国内生态环境标准，按照《标准体系构建原则和要求》（GB/T 13016—2018）相关要求，制定广西地方生态环境标准体系。

4.2.1　构建目的

生态环境标准体系，是指根据性质、内容、功能等标准划分出不同种类的生态环境标准，并由这些生态环境标准所构成的一个有机联系的统一整体。生态环境标准体系内的各类标准，从其内在联系出发，相互支持，相互匹配，发挥体系整体的综合作用，作为生态环境监督管理的依据和有效手段，为控制污染、改善环境质量服务。构建一个科学合理的生态环境标准体系，对于提高生态环境保护管理水平具有重要意义。

4.2.2　构建原则

1. 地域性原则

国家生态环境标准是由生态环境部制定的在全国范围内实施的标准，由于中国幅员辽阔，自然条件、环境基本状况、经济基础、产业分布、主要污染因子差异较大，有时一项标准很难覆盖和适应全国。地方生态环境标准是为了维护当地环境质量，根据当地特点和实际需要制定的，是对国家生态环境相关标准的补充完善和具体化。体系内的国家标准和地方标准，应在标准内容或指标限值等方面具有这种继承性。在此基础上，从标准体系所覆盖的环境范围的确定、标准体系总体框架的设计，到最终技术标准的筛选，必须始终从广西地方环境特色和实际需求出发，遵循地域性原则。

2. 协调性原则

按照《标准体系构建原则和要求》的规定，同一标准不可同时列入两个或以上体系或子体系内，以避免同一标准由两个或以上部门重复制修订。因此，应分析本体系和其他相关标准体系之间的交叉关系，明确各交叉部分所归属的体系，保证本体系和其他相关标准体系间的协调衔接。协调性的另一方面是该体系内各

分体系之间的协调性。对于各分体系之间的交叉部分，明确其所属的分体系，使一项标准只列入一个分体系。

3. 完整性原则

生态环境标准体系所包含的标准应全面成套，这就需要全面分析广西地方生态环境相关领域内需要协调统一的各种事物和概念，挖掘符合地方特点的标准化需求，力求使生态环境相关领域内的应有标准全部包含在体系中，避免遗漏。

4. 先进性原则

随着情况的发展变化，标准体系也要得到不断的扩展。应通过合理构建标准体系框架，尽可能地将最新科研成就、包含和反映相关领域的最新技术成果纳入进来，同时要充分考虑广西地方生态环境标准未来的发展方向，预留拓展空间，使该体系能方便地纳入随着形势发展而增加的新标准。

4.2.3 构建方法

标准体系按照如下步骤构建。

首先，通过有关文献的查询和分析，结合研究中界定的生态环境标准体系概念，对环境相关领域进行分解和界定。根据范围、功能、层级等维度，明确生态环境标准体系的结构要素和构建思路，提出标准体系的整体框架。

其次，广泛收集生态环境相关的标准资料，包括现行生态环境相关标准的文本、在编的和有关标准体系表或标准化发展规划中的环境相关标准的名录，以及有关标准体系研究文献中提出的建议制定的环境相关标准的名录和内容设想。同时，向有关专业人员征集本体系负责的生态环境标准的项目建议。对收集的现行、在编、计划制定和建议制定的标准的内容进行统计分析，结合标准与其他标准交叉关系的分析，进一步对标准的内容类别进行系统总结，归纳出环境标准的内容类别。

最后，对上述形成的初步体系框架，利用收集的现行、在编、计划制定和建议制定的标准进行体系框架合理性检验，即对每一项标准，寻找其在体系框架中的位置，如果能找到其位置，并且是唯一的位置，说明体系框架是合理的，否则，对体系框架做出必要的调整，最终形成完整的标准体系框架及体系表。

4.2.4 地方特点

广西地方生态环境标准体系建设起步较晚，与北京、山东等地相比标准数量少，纵向与横向的系统性不足，对解决广西地方局部的、差异化的环境污染问题的支撑性依然不足，地方生态环境标准体系基础依然薄弱，不能满足不同行业对污染物排放控制与环境质量改善的迫切需要。为促进区域经济与环境协调发展，推动经济结构调整和经济增长方式转变，引导广西特色行业工业生产工艺和污染治理技术的发展方向，需制定适合广西地方特色的生态环境标准体系。

1. 环境质量标准和污染物排放标准

以改善环境质量为主线，统筹污染治理、总量减排、环境风险管控和环境质量改善，对照国家、广西相关规划、计划中划定的水、大气污染防治重点区域、行业（领域），加快广西地方环境标准制定和评估工作，补充制定或加严制定地方排放标准，以建立适合广西实际情况的环境质量标准与污染物排放标准。

工业源方面，严格落实水、大气、土壤污染防治行动计划的要求，对甘蔗、造纸、有色金属、火电等重点行业开展国家污染物排放标准实施评估，在全面评估行业达标情况与分析经济环境效益的基础上，研究制修订地方行业污染物排放标准，以标准倒逼行业转型。

2. 其他生态环境标准

准确分析判断广西生态环境现状、区域环境特点，加大生态环境保护力度，强化广西生态“金不换”优势，推动经济社会和生态环保协调发展。根据广西生态环境管理实际工作需要，研究制定排污许可制度、饮用水水源地保护、自然保护区管理、区域生物多样性保护、生态环境影响评价、农村生态环境保护、自然风景资源开发与利用等领域的广西地方生态环境标准。

4.3 广西地方生态环境标准体系

4.3.1 体系结构要素

基于以上构建原则与方法，结合广西地方生态环境的特性和环境保护需要，从管理环节、管理层级、管理领域 3 个方面确定广西地方生态环境标准体系结构要素（图 4-4）。

①管理环节要素。根据生态环境标准管理范围要素，广西地方生态环境标准体系包括环境质量、风险管控、排放（控制）、环境监测、环境基础、环境管理规范 6 个生态环境子体系。

②管理层级要素。根据标准层级的不同，广西地方生态环境标准体系包含国家标准、地方标准 2 个层级。

③管理领域要素。根据生态环境管理领域，广西地方生态环境管理包括大气、水、海洋、固废、土壤、声与振动、放射性和其他8个类别。

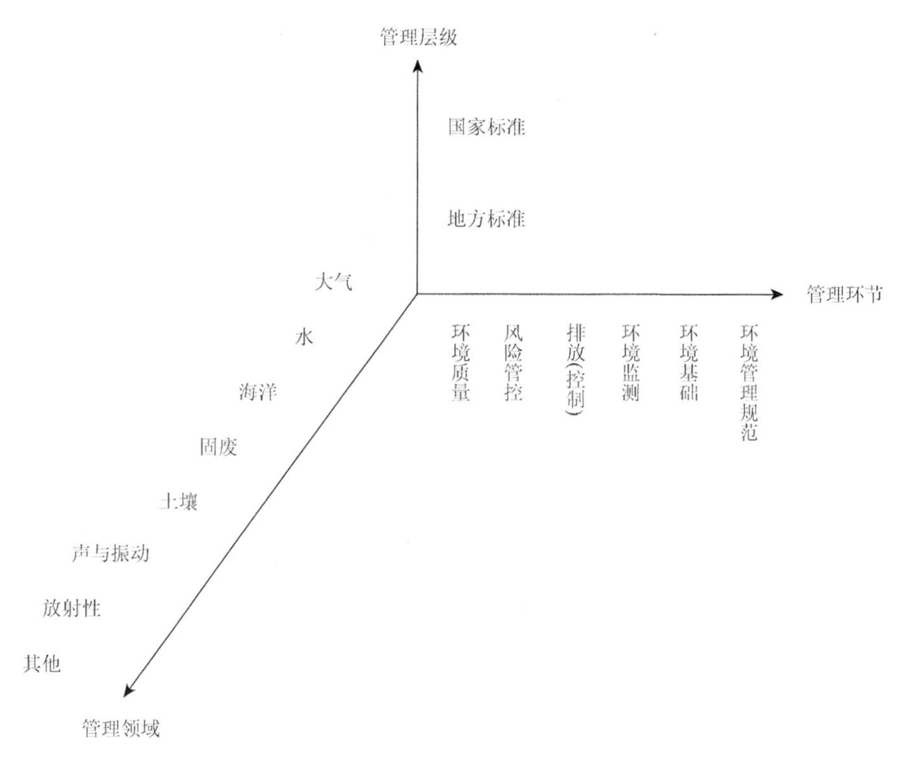

图4-4　广西地方生态环境标准体系结构要素

4.3.2　体系框架

广西地方生态环境标准体系框架主要包括环境质量标准、风险管控标准、排放（控制）标准、环境监测标准、环境基础标准，以及环境管理规范标准（图4-5）。

1. 环境质量标准

以保护人体健康和生态环境为目标，以风险评估为手段，进一步完善有毒有害物质控制指标，系统构建土壤环境质量保护标准体系。在环境质量标准方面，一般采用国家环境质量标准，并且根据广西当地环境功能对国家没有制定的项目进行补充。广西各地方生态环境部门根据各地区功能和性质的差异，对所管辖区域的功能区进行划分，确定所划定功能区对应执行的环境质量标准的等级，并选择执行环境质量标准的相应指标体系，从而使环境质量在污染被控制的情况下逐步趋于改善和提高。

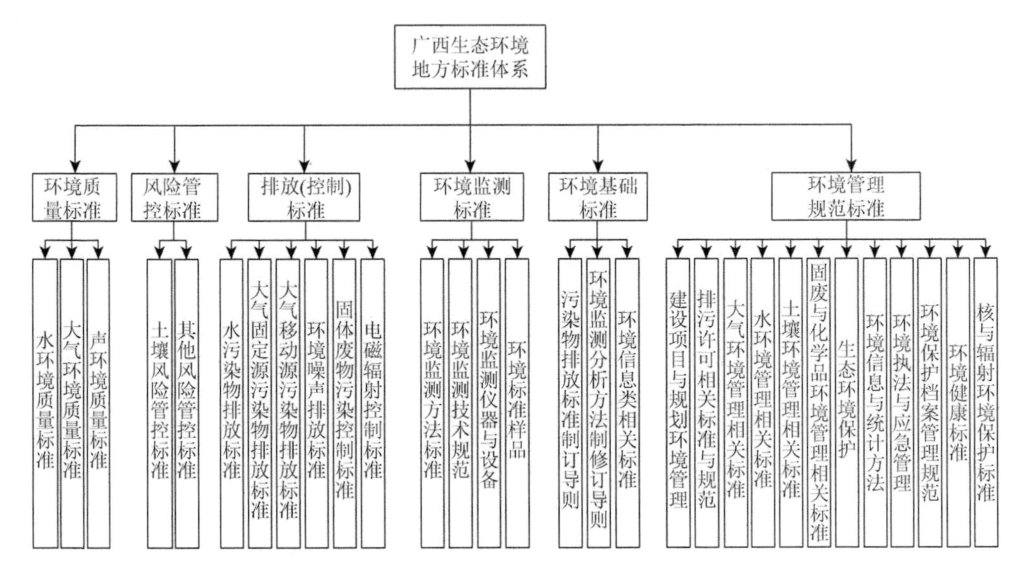

图 4-5　广西地方生态环境标准体系框架

2. 风险管控标准

落实“土十条”，加强国家农用地、建设用地土壤污染风险管控标准实施评估，依据环境背景值、生态环境基准和环境风险评估研究进展，针对环境风险特征的演变，评估标准风险管控要求的科学合理性。针对广西土壤高背景值特点，开展重点区域土壤生态环境风险管控标准和管理标准研制，保障农产品质量和人居环境安全。

3. 排放（控制）标准

广西地方生态环境标准体系中排放（控制）标准的研究主要从行业角度出发，通过调研广西各行业的污染物排放状况，针对在大气、水污染物中贡献率较大的典型行业，制定相应行业的污染物排放标准。由于科学技术水平和经济社会发展状况的制约，我国现有的标准是以浓度控制为主，针对某一个污染源的每个排污口所排出污染物中的污染因子作出的规定。随着环保力度的不断加大，清洁能源的使用及清洁生产的大力实施，单纯的浓度控制已经难以满足环境保护的需要。在某些情况下排放浓度达标，却不能有效防止环境质量的恶化，而有的污染源虽然排放浓度很高，但排放量很小，因此单纯要求其浓度达标，就会造成相关的环境评定有失偏颇。那么在标准体系建立的过程中，对于标准的制定也要从总量控制的角度加以约束，使浓度控制和总量控制相结合，浓度与总量两手抓，从而摒弃末端治理的思想，把环境污染扼杀在源头，更加有力地保证环境的和谐。工业源方面，严格落实水、大气、土壤污染防治行动计划的要求，研究制修订地方行业污染物排放标准，以标准倒逼行业转型。农业源方面，开展畜禽规模养殖场、海水池塘养殖等畜牧养殖行业污染物排放标准研究，探索制定农业源地方排放标准，促进农业源污染物处理与综合利用设施建设，推进农业农村污染防治。

4. 环境监测标准

根据“蓝天”“碧水”“净土”保卫战环境管理需求和监测技术进展，着力构建支撑质量标准、排放标准实施的环境监测标准体系。

5. 环境基础标准

配套排污许可等新型环境管理制度的实施，制修订国家与地方水、大气污染物排放标准制修订技术导则，完善排放标准技术内容，加强地方与国家标准的协调配套。修订环境监测分析方法标准制修订技术导则，完善方法验证、方法质控等方面的技术要求，提升标准制修订质量。制定环境信息类相关标准，提升环境管理信息化水平。

6. 环境管理规范标准

支持环境管理重点工作，配套新型管理制度的建立，结合原国家标准委开展的“推荐性标准集中复审”工作及标准实施情况调查，对现行各类管理规范标准进行复审清理，统筹优化现有标准体系，研究拓展环境管理规范标准种类。

4.4 广西地方生态环境标准体系表的编制

4.4.1 标准体系表的结构形式

标准体系表的结构形式见表 4-16。

表 4-16　广西地方生态环境标准体系表

序号	体系号	标准名称	标准层级和属性	编制状态	采用国外标准情况	备注		
						对应现行标准编号	对应现行标准名称	处理建议
1								
2								
⋮								

标准层级分为国家标准、行业标准和地方标准，标准属性分为强制性和推荐性，编制状态分为已发布、制定中、拟制定、拟修订 4 种。

4.4.2 体系号编号规则

标准体系代码分 4 层，结构为：GXHJ-XX-X-X，各层编码规则如下。

体系代码 ＝GXHJ-一级体系编号-二级子体系编号-子顺序号。

一级子体系编号：ZL—环境质量标准，FX—风险管控标准，PF—排放（控制）标准，JC—环境监测标准，JJ—环境基础标准，GL—环境管理规范标准。

二级子体系编号：环境质量标准（ZL）中，1—水环境质量标准，2—大气环境质量标准，3—声环境质量标准；风险管控标准（FX）中，1—土壤风险管控标准，2—其他风险管控标准；排放（控制）标准（PF）中，1—水污染物排放标准，2—大气固定源污染物排放标准，3—大气移动源污染物排放标准，4—环境噪声排放标准，5—固体废物污染控制标准，6—电磁辐射控制标准；环境监测标准（JC）中，1—环境监测方法标准，2—环境监测技术规范，3—环境监测仪器与设备，4—环境标准样品；环境基础标准（JJ）中，1—污染物排放标准制订导则，2—环境监测分析方法制修订导则，3—环境信息类相关标准；环境管理规范标准（GL）中，1—建设项目与规划环境管理，2—排污许可相关标准与规范，3—大气环境管理相关标准，4—水环境管理相关标准，5—土壤环境管理相关标准，6—固废与化学品环境管理相关标准，7—生态环境保护，8—环境信息与统计方法，9—环境执法与应急管理，10—环境保护档案管理规范，11—环境健康标准，12—核与辐射环境保护标准。

标准体系编号表见表 4-17。

表 4-17 广西地方生态环境标准体系编号表

一级子体系编号	一级子体系名称	二级子体系编号	二级子体系名称
ZL	环境质量标准	1	水环境质量标准
		2	大气环境质量标准
		3	声环境质量标准
FX	风险管控标准	1	土壤风险管控标准
		2	其他风险管控标准
PF	排放（控制）标准	1	水污染物排放标准
		2	大气固定源污染物排放标准
		3	大气移动源污染物排放标准

续表

一级子体系编号	一级子体系名称	二级子体系编号	二级子体系名称
PF	排放（控制）标准	4	环境噪声排放标准
		5	固体废物污染控制标准
		6	电磁辐射控制标准
JC	环境监测标准	1	环境监测方法标准
		2	环境监测技术规范
		3	环境监测仪器与设备
		4	环境标准样品
JJ	环境基础标准	1	污染物排放标准制订导则
		2	环境监测分析方法制修订导则
		3	环境信息类相关标准
GL	环境管理规范标准	1	建设项目与规划环境管理
		2	排污许可相关标准与规范
		3	大气环境管理相关标准
		4	水环境管理相关标准
		5	土壤环境管理相关标准
		6	固废与化学品环境管理相关标准
		7	生态环境保护
		8	环境信息与统计方法
		9	环境执法与应急管理
		10	环境保护档案管理规范
		11	环境健康标准
		12	核与辐射环境保护标准

4.5　广西地方生态环境标准制修订清单

根据广西地方生态环境标准体系的目标和原则，在分析国家生态环境标准状况、广西生态环境标准状况与存在问题以及生态环境管理需求的基础上，确定了广西地方生态环境标准制修订清单。清单主要从环境质量、风险管控、排放（控制）、环境监测、环境基础、环境管理规范 6 个方面提出了广西地方生态环境标准体系制修订的需求。

4.5.1　广西环境质量标准制修订清单

广西环境质量标准制修订清单见表 4-18。

表 4-18　广西环境质量标准制修订清单

一、水					
序号	标准名称	标准编号	标准级别	标准状态	备注
1	《海水水质标准》	GB 3097—1997	国家标准	现行	修订
2	《海洋沉积物质量》	GB 18668—2002	国家标准	现行	修订
3	《河口过渡区域海水质量标准》	—	地方标准	—	制定
4	《入海河流底质质量标准》	—	地方标准	—	制定
二、噪声					
序号	标准名称	标准编号	标准级别	标准状态	备注
1	《广西城市声环境质量评价指南》	—	地方标准	—	新建

4.5.2　广西风险管控标准制修订清单

广西风险管控标准制修订清单见表 4-19。

表 4-19　广西风险管控标准制修订清单

序号	标准名称	标准编号	标准级别	标准状态	备注
1	《广西土壤环境背景值》	—	地方标准	—	制定
2	《农用地土壤活性标准》	—	地方标准	—	制定

4.5.3　广西排放（控制）标准制修订清单

广西排放（控制）标准制修订清单见表 4-20。

表 4-20　广西排放（控制）标准制修订清单

序号	标准名称	标准编号	标准级别	标准状态	备注
1	《城镇污水处理厂污染物排放标准》	GB 18918—2002	国家标准	现行	修订
2	《生物质锅炉大气污染物排放标准》	—	地方标准	—	制定
3	《水泥工业大气污染物排放标准》	—	地方标准	—	制定
4	《重金属污染物排放标准》	—	地方标准	—	制定

4.5.4　广西环境监测标准制修订清单

广西环境监测标准制修订清单见表 4-21。

表 4-21　广西环境监测标准制修订清单

一、　监测方法标准					
序号	标准名称	标准编号	标准级别	标准状态	备注
1	《水质　林可霉素的测定　高效液相色谱-串联质谱法》	—	地方标准	—	制定
2	《水质　沙星类抗菌药的测定　高效液相色谱-串联质谱法》	—	地方标准	—	制定
3	《水质　7 种青霉素的测定　高效液相色谱-串联质谱法》	—	地方标准	—	制定
4	《水质　色度的测定》	GB 11903—1989	国家标准	现行	修订
5	《水质　多环芳烃的测定　便携式荧光仪法》	—	地方标准	—	制定
6	《非水溶性固体废物　水分的测定　蒸馏法》	—	地方标准	—	制定
7	《非水溶性固体废物　腐蚀性的测定　玻璃电极法》	—	地方标准	—	制定
8	《非水溶性固体废物　金属元素的测定　电感耦合等离子体发射光谱法》	—	地方标准	—	制定
9	《非水溶性固体废物　金属元素的测定　电感耦合等离子体质谱法》	—	地方标准	—	制定
10	《固体废物　矿物油的测定　红外分光光度法》	—	地方标准	—	制定
11	《固体废物　石油烃的测定　便携式浊度仪法》	—	地方标准	—	制定
12	《固体废物　多环芳烃的测定　便携式荧光仪法》	—	地方标准	—	制定
13	《土壤质量　铜、锌的测定　火焰原子吸收分光光度法》	GB/T 17138—1997	国家标准	现行	修订
14	《土壤　多环芳烃的测定　便携式荧光仪法》	—	地方标准	—	制定
15	《土壤　石油烃的测定　便携式浊度仪法》	—	地方标准	—	制定
16	《土壤和沉积物　甲基汞的测定　吹扫捕集-气相色谱-原子荧光光谱法》	—	地方标准	—	制定
二、监测技术规范					
序号	标准名称	标准编号	标准级别	标准状态	备注
1	《广西秸秆露天禁烧区范围划定标准规范》	—	地方标准	—	制定
2	《广西秸秆焚烧指数分级技术规范》	—	地方标准	—	制定

续表

二、监测技术规范					
序号	标准名称	标准编号	标准级别	标准状态	备注
3	《大气污染重点区域全景影像连续自动监控与 AI 分析系统技术规范》	—	地方标准	—	制定
4	《广西环境空气质量预报预警技术指南》	—	地方标准	—	制定
5	《废矿物油来源鉴别技术规范》	—	地方标准	—	制定

4.5.5 广西环境基础标准制修订清单

广西环境基础标准制修订清单见表 4-22。

表 4-22 广西环境基础标准制修订清单

序号	标准名称	标准编号	标准级别	标准状态	备注
1	《土壤环境数据库标准》	—	地方标准	—	制定

4.5.6 广西环境管理规范标准制修订清单

广西环境管理规范标准制修订清单见表 4-23。

表 4-23 广西环境管理规范标准制修订清单

一、大气					
序号	标准名称	标准编号	标准级别	标准状态	备注
1	《大气降水监测技术规范》	—	地方标准	—	制定
二、水					
序号	标准名称	标准编号	标准级别	标准状态	备注
1	《地表水水生态环境质量综合评价标准》	—	地方标准	—	制定
2	《海洋垃圾监测技术规范》	—	地方标准	—	制定
3	《海洋微塑料监测技术规范》	—	地方标准	—	制定
4	《海洋垃圾评价标准》	—	地方标准	—	制定
5	《海洋微塑料评价标准》	—	地方标准	—	制定
6	《海洋生物生态评价方法》	—	地方标准	—	制定

续表

三、土壤					
序号	标准名称	标准编号	标准级别	标准状态	备注
1	《土壤环境监测技术规范》	HJ/T 166—2004	行业标准	现行	修订
2	《土壤环境风险管控标准》	—	地方标准	—	制定
四、生态					
序号	标准名称	标准编号	标准级别	标准状态	备注
1	《区域生态状况评价技术规范》	—	地方标准	—	制定
2	《生态遥感监测野外标志库》	—	地方标准	—	制定
3	《生态遥感监测野外核查技术规范》	—	地方标准	—	制定
4	《森林生态系统生态环境状况监测技术规范》	—	国家标准	—	制定
5	《湿地生态系统生态环境状况监测技术规范》	—	国家标准	—	制定
6	《区域生态状况评价技术规范》	—	地方标准	—	制定
五、噪声					
序号	标准名称	标准编号	标准级别	标准状态	备注
1	《广西城市声环境质量评价》	—	地方标准	—	制定
2	《城市功能区噪声自动监测技术规范》	—	地方标准	—	制定
3	《道路交通噪声自动监测技术规范》	—	地方标准	—	制定
4	《环境噪声监测技术规范 城市声环境常规监测》	—	地方标准	—	制定

第五章　广西生态环境质量提升对策研究

党的十八大以来，党中央、国务院把生态文明建设摆在更加重要的战略位置，纳入“五位一体”总体布局，作出一系列重大决策部署，出台《生态文明体制改革总体方案》，实施大气、水、土壤污染防治行动计划。把发展观、执政观、自然观内在统一起来，融入执政理念、发展理念中，生态文明建设的认识高度、实践深度、推进力度前所未有。习近平总书记在广西调研时强调，要坚持把节约优先、保护优先、自然恢复作为基本方针，把人与自然和谐相处作为基本目标，使八桂大地青山常在、清水长流、空气常新，让良好生态环境成为人民生活质量的增长点、展现美丽形象的发力点，为推进广西生态文明建设指明了方向。生态文明是人类经济社会发展的新阶段，是人类社会进步发展的重要标志，是人类经济社会与自然生态环境和谐稳定的状态，展现了人们对经济社会与自然的发展要求。2020 年 3 月，中共中央办公厅、国务院办公厅印发的《关于构建现代环境治理体系的指导意见》将“完善环境保护标准”作为“健全环境治理法律法规政策体系”的一项重要工作部署，作为构建现代环境治理体系的重要内容，可以看出生态环境标准的地位已经上升为环境治理法律法规政策体系的有力补充。

生态环境标准以控制环境污染、保持生态平衡、确保人体健康、生活工作正常进行为目的，它作为环境法律体系中的主要支撑部分，是一个国家或地区进行环境执法和管理的技术依据，是国家环境政策在技术方面的具体体现，是推动环境科技进步的动力。环境标准体系是根据环境标准的特点、性质和功能以及它们之间的内在联系进行分级、分类，从而构成一个有机联系的整体。本书通过分析广西生态环境质量体系，梳理了污染物排放，大气、水、土壤、噪声、近岸海域等环境质量的状况与污染因子，结合广西地方生态环境标准体系建设中存在的问题，探讨如何构建完善广西地方生态环境标准体系，稳步推进广西生态环境质量提升。

5.1　加快完善广西生态环境标准体系，提升生态环境治理能力

5.1.1　准确把握各类生态环境标准作用定位

环境质量标准是评价环境状况的标尺，要把实施相应的环境质量标准纳入经

济社会发展和环境保护规划，建立健全环境质量目标责任制与生态环境损害责任终身追究制，引导全社会共同保护和改善环境质量。污染物排放标准是对污染物排放控制的基本要求，依据排放标准严格执行新、改、扩建项目环评审批，并结合当地环境容量和总量控制等目标，必要时设定更加严格的污染物排放控制要求，并将其纳入排污许可证的许可内容，作为日常环境监管和行政执法的直接依据。全面执行环境质量标准与污染物排放标准，着力解决选择性执行标准及项目指标问题。

5.1.2　加强广西生态环境保护标准体系建设

以习近平新时代中国特色社会主义思想为指导，全面贯彻党的十九大精神和习近平生态文明思想及对广西生态文明建设的重要指示，牢固树立“绿水青山就是金山银山”的发展理念，聚焦全区污染防治攻坚战重点领域及重点工作需求，发挥生态环境标准对环保执法监督、环境质量改善、污染物减排及环境风险防控等各项生态环境保护工作的技术支撑作用。加强广西生态环境标准体系建设，按照科学性、系统性和适用性的要求，加快完善以环境质量标准为核心，以污染物排放和控制标准、环境监测和环境管理技术规范为重要内容，以满足环境管理需求和突破生态环境标准发展瓶颈为重点的生态环境标准体系，补短板、建机制、强基础，建立支撑适用、协同配套、科学合理、规范高效的环保标准体系。妥善处理好综合性标准和行业类标准、国家标准和地方标准、质量标准和排放标准及配套标准的关系。围绕重金属、挥发性有机物、危险废物、化学品、持久性有机物、放射性物质等重点污染物，针对控制重点地区、重点行业，对现有标准进行系统整合与完善，形成一批便于环境监管和促进环境质量改善的“标准簇”。

5.1.3　加快推进地方生态环境标准制修订

研究制修订环境质量标准、污染物排放标准、环境监测方法、管理规范、工程规范及实施评估 6 类生态环境标准项目。依据《中华人民共和国大气污染防治法》、《中华人民共和国水污染防治法》、《中华人民共和国土壤污染防治法》和《地方环境质量标准和污染物排放标准备案管理办法》（环境保护部令第 9 号）规定，以保护生态环境和人体健康为目标，因地制宜地制定水、大气、土壤环境质量标准和污染物排放地方标准，客观反映环境质量状况及其变化趋势。不断完善环境质量评价方法并形成一系列地方标准，以统一的评价尺度，使环境质量评价结果与人民群众的感受相一致。依据环境管理与经济社会发展要求，以总量控制污染物、重金属、持久性有机污染物和其他有毒有机物为重点控制对象，不断加严排放标准，提高重点行业环境准入门槛，最大限度降低环境风险、改善环境质量。加快与现行标准相配套的环境监测方法标准、环境标准样品、环境监测技术规范等制定工作。

5.2 充分发挥广西生态环境标准体系的基础性作用，提升生态环境治理效能

5.2.1 以广西生态环境标准体系为抓手，强化环境监管主体效能

发挥标准协调一致的特性，更好地规范生态环境空间管制、污染物总量控制、环境行为管制，引导社会资源更好地满足群众的合理需求。

1. 规范生态环境空间管制

结合广西的实际情况，把生态环境标准作为环境法律体系基础组成部分，重点关注重要生态功能区、陆地和海洋生态环境敏感区、生态脆弱区、生物多样性保育区，与区域生态系统特征相结合确定区域生态功能保障基线，画出生态红线，确保自然生态环境和生态功能得到原真性、完整性的保护。健全完善区市县三级环境功能区划体系，重点关注区域的社会环境、社会功能、自然环境条件及环境自净能力的变化，加快环境质量标准的适应性研究，在此基础上补充完善地方标准，进一步优化和调整环境功能区划，实行差别化的区域管理政策。根据主体功能区规划和生态环境功能区划，按照优化准入、重点准入、限制准入、禁止准入的分类指导原则制定相关标准，规范各类准入行为，优化区域发展布局。健全完善空间、总量、项目“三位一体”的环境准入制度，优化生产力空间布局。探索开展财政税收、生态补偿、总量控制等生态环境管理标准的研究，实现分区、分级、分流域的差异化管理。

2. 规范污染物排放总量管制

结合广西实际，针对广西特色产业的污染物排放特点，细化总量减排标准，在控制指标上更加突出环境质量，根据资源环境禀赋和环境功能差异，分区、分类确定，例如，同行业产品可能生产工艺不同，因此，一般按照行业或工艺类别制定排放标准，否则很难比较排放行为的公平性。抓紧制定一批污染物排放管理标准，在工作重点上更加强调结构调整和精细化管理，从源头和生产过程减轻末端治理压力，例如，由于新老污染源生产工艺有差异，可能采取的处理技术也不同，因此应区别新老污染源、分别制定排放标准等。在工作方式上逐步淡化总量

计划管理，丰富区域性总量控制，推动自主管理。作为相关法律法规的有力补充，对主要污染物排污指标进行相应的规范，包括水、土、气、声、辐射等环境因素，例如，当单位采用排放率或排放浓度不足以控制污染源排放时，可以同时选择排放率和排放浓度，探索实施科学污染物减排量化指标。规范排污许可证，落实企业排污总量控制。把排污许可证制度作为控制排污总量、保护环境的基本制度，理顺排污许可证制度与总量控制、环评审批等其他污染源管理制度的关系，探索污染源“一证式”管理制度。

3. 规范环境行为管制

按照技术规范要求，高质量编制区域生态环境规划，以资源环境承载力为基础，落实资源利用“上线”、环境质量底线、生态保护红线要求，优化区域定位和布局，制定环境准入条件清单等，提出直观、针对性强、可操作的管理清单标准，作为支撑规划科学决策实施的重要依据和项目环境准入的强制约束，强化区域规划环评在优布局、控规模、调结构、促转型中的作用。根据区域规划环评结论清单，制定生态环境标准，作为项目环境准入的判断依据。环境空间准入标准主要为环境功能区划明确的分区差别化准入要求、生态空间清单及环境准入条件清单。根据标准限值要求，制定环评审批负面清单。在明确广西区域有化学合成反应的石化、化工、医药项目及生活垃圾焚烧发电等高污染、高环境风险建设项目共性的基础上，差异化制定标准限值，并依据相关限值要求，将高风险行业列入环评审批负面清单，并结合区域环境质量控制、污染减排目标、区域规划环评结论清单和审查意见要求等，细化完善本区域环评审批负面清单。支撑环境执法监管和风险防范，依法制定地方生态环境标准，加快实现末端治理标准向过程控制标准的转变。提高环保标准的科学性、指导性和可操作性，是倒逼企业淘汰落后产能、加强环保技术创新与推广应用的重要手段，也是防止先污染后治理、边污染边治理的重要举措。以《企业突发环境事件风险分级方法》（HJ 941—2018）要求为准绳，加强广西突发环境事件风险管理，制定广西企业分类标准，指导本土企业开展突发环境事件风险评估，提高企业风险管理水平和应急准备能力，为环境应急精细化管理奠定坚实基础。

5.2.2　以广西生态环境标准体系为手段，不断提高环境治理主体效益

企业在生产经营过程中负有遵守和维护环境与资源保护法律秩序、服从政府环境资源管理、治理污染的义务，是环境治理的主体，承担治理环境破坏、赔偿环境损害损失的责任。

1. 发挥标准"底线"作用

严格坚守环境保护的底线，发挥广西生态环境标准的规制作用，防止企业转嫁污染治理成本。牢牢把握治"污"这个核心，突出重点，聚焦问题，科学制定、严格执行"散乱污"企业及集群认定和整治标准，建立清单式管理台账，实施分类处置。对升级改造类企业，树立行业标杆，实施清洁生产技术改造，全面提升污染治理水平。以更高环保标准倒逼产业升级，推动科技创新、结构调整、产业发展，建立与广西经济社会发展水平及生态环境管理需求相适应的生态环境标准体系，为推动广西高质量发展提供有力支撑。对整合搬迁类企业，按照产业发展规模化、现代化原则，积极推动进区入园、升级改造。对违法违规、污染严重、无法实现升级改造的企业，应当依法关停取缔。建立"散乱污"企业动态管理机制，坚决杜绝"散乱污"企业项目建设和已取缔"散乱污"企业异地转移、死灰复燃。开展环保标准实施情况检查评估。将新发布实施的污染物排放标准执行情况纳入年度环境执法监管重点工作。开展环保标准实施评估，掌握实际达标率，测算标准实施的成本与效益，结合环境形势、产业政策、技术进步等情况，研究修订标准的必要性与可行性。

2. 强化标准"高线"作用

没有真正落后的行业，只有落后的观念、标准、技术和管理。对于"两高"行业仍然存在的落后生产方式，既不能安于现状保护落后，也不能脱离实际一味排斥。应立足实际，创造条件加以改造升级，逐步使其向先进适用的生产方式转变。大力开展环境保护相关的生产技术标准研制，以促进自主创新、节能降耗、环境保护为重点，实施重要技术标准研制推进工程，建立健全优势特色产业标准体系、现代农业标准体系、产品质量和食品安全标准体系、节能减排标准化体系、矿山和危险化学品等高危行业安全技术标准体系、标准化政策法规及信息服务体系。制定甘蔗制糖业、木薯淀粉加工等重点行业地方污染物排放标准和清洁生产标准体系，建立健全水环境质量评价、大气环境质量评价和近岸海域环境质量评价体系。鼓励企业制定严于国家标准、有利于增强市场竞争力的企业标准。在资源节约、能源综合利用、"三废"排放、原材料生产、加工制造、信息服务、安全环保等领域推行国家标准和行业标准，督促企业严格执行强制性标准和推动实施推荐性标准。鼓励企业积极参与国际、国家标准化活动，推动更多企业通过环境管理体系认证。不断加大生态环境领域团体标准的研制力度，生态环境团体标准应具备创新性、先进性和补充性，不仅应成为超越国家标准和行业标准的新指标，同时也将对现有的标准体系起到拾遗补缺的作用。大力引导社会群体规范工作，促成生态环境团体标准发展，使团体标准成为国家标准和行业标准的重要补充；

不断总结和提炼团体标准发展经验，形成可复制、可推广的模式，培育一批有知名度和影响力的团体标准机构。

3. 助力生态环境基础设施建设

按照“因地制宜、适度超前”原则，合理规划布局，加强污水、生活垃圾、固体废物等集中处理处置设施以及配套管网、收运储体系建设，加快提升危险废物处理处置服务供给能力，加快“一体化”环境监测、监控体系和应急处置能力建设，为企业经营发展提供良好配套条件。针对工业园等环境高风险承载区域，因地制宜、因产施策，制定一批高质量的技术标准，重点提升工业园区环境基础设施供给和规范化水平，推广清洁低碳能源，提高工业园区和产业集群监测监控能力，在企业污水预处理达标的基础上实现工业园区污水管网全覆盖和稳定达标排放，推进工业园区再生水循环利用基础设施建设，引导和规范工业园区危险废物综合利用和安全处置，实现工业园区废水和固体废物的减量化、再利用、资源化，推进生态工业园区建设。

5.2.3　以广西生态环境标准体系为依据，加快形成社会协同共治格局

在生态环境治理中强调社会协同、公众参与，就是要在保持市场和社会有序的同时增强市场和社会活力。为此，必须建立更加具体、明确、系统、权威的社会规范，制定完善相关标准体系，为社会协同共治提供参考依据，为社会主体自我约束、自我管理及化解矛盾、促进和谐提供规范。

1. 保障公众环境知情权

提高公众对环境保护的整体认知度和参与度，是公众参与、监督环境保护的前提和基础。实行企业生态环境标准主动声明，强化和落实企业对生态环境违法行为的首负责任制。按照企业生态环境标准的采用情况，对重点企业实施环保信用等级评定，在部分重点排污行业推行企业环境行为监督评价制度和强制清洁审核制度。定期向社会公布企业环境行为，促进排污企业自觉接受社会监督，自觉履行环境保护职责。逐步建立企业环境行为信用评价制度，企业环境行为信用评价结果向社会公开，并载入企业和个人信用信息数据库，引导业主履行项目环评、验收、清洁生产、达标排污、守法经营、防范事故风险、化解周边污染纠纷的责任和义务。

2. 加大标准宣传培训力度

建立环保标准培训制度。组织开展标准培训师的培训工作。广西生态环境部

门应组织标准培训师对省市级环境监督管理者、环境工程设计建设单位、污染治理单位等开展各具特色的标准培训工作。要充分发挥电视、报纸、网络等媒体的作用，完善环保标准宣传网络体系，加大标准信息公开力度。鼓励公众通过适当的方式对标准制修订提出意见，涉及民生的重要标准要通过听证会等方式充分听取各方面意见和建议。发挥环境科学学会、环保产业协会等组织的作用，加大标准普及与宣传力度，引导社会各界准确理解各项环保标准。

3. 积极引导公众参与环境保护

公众参与环境保护是法定的权利和义务，要加强对公众参与环境保护的引导，注重提高公众的参与程度，拓展公众参与的领域。抓紧制定公众参与标准，明确公众参与环境决策的原则与范围。将利益均衡原则和相关性原则作为判断实行公众参与的标准，逐步制定环境决策公众参与目录，确保在政策法规制定、规划布局、行政许可、重大项目建设等过程中实行公众参与。规范公众参与环境决策的程序和方式。完善行政决策和行政许可程序，对启动公众参与的条件、形式和程序等作出规定。探索建立公众咨询委员会制度，培育和发展环境公共政策咨询机构，通过第三方征询公众意见的方式，提高行政决策的公众参与度。强化公众参与环境决策的有效性。采取公告公示、听证、问卷调查、专家咨询、民主恳谈等形式广泛听取专家和公众意见。建立健全公众参与环境决策意见处理情况说明制度，及时公开公众参与行政决策的意见建议采纳情况。

5.3　加快完善地方生态环境标准保障体系，提升标准支撑能力

5.3.1　进一步健全生态环境标准决策机制

充分发挥全区各环境相关的标准委员会、环境学会、标准团体等专家咨询的作用，尤其对环保重大问题、重点工作以及专业性较强的标准制修订计划要广泛听取各方意见，组织跨学科、跨部门、跨行业的专家进行研究论证，并把科学研究和专家论证意见作为地方生态环境标准制修订等专业技术性重大决策的前置条件。

5.3.2　进一步加大生态环境标准体系建设的投入力度

进一步强化培育和构建环境标准人才平台，建设一支数量充足、素质优良、结构优化、布局合理的环境标准人才队伍。保持环境标准人才队伍相对稳定，能

够长期跟踪研究相关环保科技发展情况，熟悉国内外环境法规标准技术进展，实现环境标准的制修订、宣传培训和实施评估等全过程动态管理。营造有利于环保科技创新的人文环境，提升全民环保科学素质。完善多元化、多渠道的生态环境标准投入体系，鼓励地方政府设立有区域特色的生态环境标准科研专项，激励企业大幅增加生态环境标准投入，促进全社会资金更多地投向生态环境标准创新。加强各部门的环境标准合作，积极争取财政和相关部委在科学研究、技术开发、示范推广等标准方面的资金支持。发挥财政资金对激励企业标准化自主创新的引导作用，市、县（区）财政按分级负担办法，分别安排专项资金，重点对地方生态环境标准研发、标准化技术组织设立、标准化示范区建设等给予扶持。

5.3.3　完善地方生态环境标准成果奖励制度

引导各生态环境相关行业协会、标准化协会参与本行业相关的地方生态环境标准研究，建立完善适应广西生态文明建设发展要求的标准研究机制，以拥有一批技术领先的生态环境系列地方标准为目标，增强广西生态环境的综合竞争力。明确国外、区外投资企业在广西地方生态环境标准体系建设过程中与区内企业享有同等待遇，探索制定机构标准。完善标准成果奖励制度，奖励在标准化领域做出突出贡献的组织和个人。对于达到国际、国内先进水平的团体标准和企业标准，可以给予标准化工作奖励和政策激励。

第六章　结论与建议

6.1　结　　论

环境标准体系是由不同种类的环境标准所构成的统一整体，是一个国家或地区进行环境执法和管理的技术依据。本书通过分析广西生态环境质量体系，梳理了污染物排放，大气、水、土壤、噪声、近岸海域等环境质量的现状与污染因子。同时，结合国内外环境标准及相关体系的发展、研究现状进行了详细的归纳总结。通过研究分析，得出的结论如下。

6.1.1　广西生态环境质量及环境问题

（1）污染物排放状况及变化趋势

广西废气的主要来源为工业源，其次为移动源；废水的主要来源为生活源，其次为工业源。2015～2018 年，广西重点调查的工业企业减少，大气污染物和废水主要污染物排放总量也随之大幅减少。2015～2017 年，广西一般工业固体废物产生量和贮存量逐年减少，危险废物产生量、综合利用量和处置量均逐年增加，贮存量波动较大。

（2）大气环境质量状况及变化趋势

与 2015 年相比，2018 年广西城市环境空气质量达标城市比例上升 28.6 个百分点，优良天数比例上升 3.1 个百分点，$PM_{2.5}$浓度下降 14.6%，环境空气质量整体呈改善趋势，但仍存在以下问题：一是 $PM_{2.5}$ 仍是广西大气污染防治的重点，以 $PM_{2.5}$ 为首要污染物的天数占总超标天数的 70%以上，重度及以上级别污染天气时有发生。二是 O_3 污染日益凸显，广西 O_3 及其前体物 NO_2 浓度总体呈上升趋势，以 O_3 为首要污染物的超标天数逐年上升，O_3 污染呈现峰值上升、持续时间延长、范围扩大的区域性污染，O_3 污染已经成为影响广西城市夏秋季环境空气质量的最主要因素。

（3）水环境质量状况及变化趋势

广西河流总体水质保持为优，2018 年与 2015 年相比优良水质比例下降 0.3 个百分点，劣Ⅴ类水质比例上升 1.0 个百分点。2018 年广西湖库水质总体为优，富营养化程度不显著，与 2017 年相比富营养化程度有所加重。局部地区水质下降问题突出，独流入海水系白沙河、钦江、南流江的年均水质存在轻度、中度污染，主要原因是独流入海水系及沿海三市农村人口多、农业比重大且农业生产方式粗放，其产生的畜禽养殖、农村生活污水、农业种植等面源污染影响大，沿海三市城镇污水处理设施及配套管网建设滞后，城镇生活污水处理能力不足。

（4）近岸海域水质环境质量状况分析及变化趋势

广西近岸海域 2015～2018 年度水质以一类水质为主，富营养化有不断加重趋势。广西近岸海域主要超标因子是无机氮和活性磷酸盐，超标率在此四年中均有上升趋势。其入海河流携带污染物、沿岸或海体内水产养殖污水排放、沿岸污水排放、农田灌溉排放、海洋沉积物内源排放、海洋工程、海洋倾废影响等为主要污染来源。

6.1.2　广西地方生态环境标准体系构建

以国家环境标准体系为基本依托，依据环境标准体系建立的原则，从环境质量、风险管控、排放（控制）、环境监测、环境基础及环境管理规范 6 个方面构建广西地方环境标准体系的基本框架。

针对当前广西地方生态环境标准体系发展存在的问题，结合区域环境特征及环保工作需求，准确把握地方环境容量、污染特征及发展趋势，识别国家标准中难以有效支撑地方环境监管的重点环节和当前环境保护中亟须解决的突出问题，系统梳理环境标准与环境需求对应关系后，提出了广西生态环境标准体系结构框架，拟定标准体系中亟须制定的标准清单，构建支撑适用、协同配套、科学合理、规范高效的广西生态环境标准体系，为指导广西地方环境标准制修订工作，提升地方环境标准制修订的效率与质量，发挥好地方环境标准的作用，引领和支撑地方环境管理转型提供技术支撑。

参照国家重点生态功能区县域生态环境质量评价的技术体系，结合广西的生态环境特点及当地环境管理需要，在技术体系和管理架构上对现有的生态评价标准进行优化，将相对片面的县域生态环境质量监测评价体系升级为更切合广西实际的生态环境质量综合评价系统。通过构建广西重点生态功能区县域生态环境质量综合评价系统平台，尝试对昭平县进行示范评价，最终以较为简便的方式，详细掌握了昭平县的生态环境质量现状，为实际环境管理提供了科学依据。

6.2　建　　议

6.2.1　筹建广西生态环境标准技术联盟

2015 年 3 月，国务院印发的《深化标准化工作改革方案》中，首次将团体标准纳入我国标准体系，提出了“培育和发展团体标准”的重大改革举措。2016 年

2 月，原国家质量监督检验检疫总局和原国家标准化管理委员会印发了《关于培育和发展团体标准的指导意见》，明确了团体标准发展的有关要求。为加强广西地方生态环境标准体系建设，筹建广西生态环境标准技术联盟，发挥联盟的技术优势，结合目前广西环保实践工作中的热点、难题，积极接触和应用国内外相关领域的新成果、新工艺，进行重点攻关，加强生态环境新理念的运用、工艺流程设计的全面优化、先进制造技术的使用、信息技术的深度融合，依托联盟优势进一步完善广西地方生态环境标准体系建设，逐步打破业界的区域性和地方保护主义限制，使先进的工艺、经验和技术得到更好的应用与推广，逐步提高广西生态环境技术水平和综合竞争力。

6.2.2 进一步发挥生态环境团体标准的引领作用

团体标准作为国家、行业、地方标准的有效补充，是对地方标准体系建设的有效提升。要抓紧制定和完善生态环境团体标准，加快与现行国家标准相配套的地方、团体环境监测方法标准，环境标准样品，环境监测技术规范等制定工作，逐步补全广西地方生态环境标准体系的不足。现行《中华人民共和国标准化法》明确了团体标准的法律地位，有利于团体标准充分发挥社会和市场的作用，提高生态环境标准的有效供给。鉴于此，建议首先在广西一些条件相对成熟、技术创新活跃的重点污染物排放领域，依托广西生态环境标准技术联盟的技术优势，积极稳妥地推进团体标准工作，促进形成广西生态环境建设核心竞争力，并以企业为主体，围绕产业技术创新链，运用市场机制集聚创新资源，实现产、学、研组织在战略层面有效结合，共同突破生态环境发展的技术瓶颈，实现生态环境质量提升。

6.2.3 加强环保标准科研与评估

以保护生态环境和人体健康为目标，加强地方生态环境标准体系基础研究，突出环境标准在科研立项中的地位，加强环境基准研究，对广西地方特征污染物形成机理、控制技术途径、预警应急预案等进行科学、系统、深入的研究，为标准制修订和标准实施提供全面的科技支撑，进一步完善空气、水体、土壤等地方生态环境质量标准，客观反映环境质量状况及其变化趋势。加强环境标准技术和经济可达性研究，加大标准执行情况的跟踪评估力度，对标龄 5 年以上的环境标准要及时评估、修订和更新，使环境标准与环境质量现状和技术水平相适应。依据环境管理与经济社会发展要求，以总量控制污染物、重金属、持久性有机污染物、固体废物和其他有毒有机物为重点控制对象，不断加严排放标准，提高重点行业环境准入门槛，最大限度降低环境风险、改善环境质量。

6.2.4　推动标准体系实施与改进

在对各级环境保护管理部门、企事业单位管理技术人员的培训中开展标准体系宣贯，包括标准体系构成、标准文本、标准的制定依据及标准的执行，促进相关人员在业务工作中正确理解和执行标准，促进标准的实施。引导发挥环保科研单位、行业协会、企业中介机构的力量，充分利用电视、网络、期刊、报纸、热线等多渠道开展标准体系宣传，提高社会各界对标准体系的认识。同时可选取有条件、有代表性的区域作为标准化试点示范，在生态环境保护的监测、治理、评价等环节应用标准体系，形成可复制、可推广、有效果的示范引领效应。在生态环境监督管理过程中，对具有强制执行需要而无强制性地方标准可依据的事项，可通过制定相关地方性法律法规，并将推荐性地方标准作为规范性技术文件引用，使其成为强制执行的技术性规范，赋予软标准以法律监督刚性，促进标准体系规范地方生态环境保护。鼓励由第三方机构牵头，环保科研单位、行业协会、企业共同参与标准实施评价，了解标准实施情况，分析制约达标的关键因素，提出标准制修订建议，促进标准体系不断优化改进。